U0370419

1949—2019
新中国气象事业70周年

砥砺奋进七十载
雪域气象铸辉煌

新中国气象事业70周年·西藏卷

西藏自治区气象局

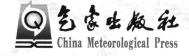

气象出版社
China Meteorological Press

图书在版编目（CIP）数据

新中国气象事业 70 周年．西藏卷 / 西藏自治区气象
局编著．-- 北京：气象出版社，2020.11
ISBN 978-7-5029-7139-7

Ⅰ．①新… Ⅱ．①西… Ⅲ．①气象—工作—西藏—画
册 Ⅳ．① P468.2-64

中国版本图书馆 CIP 数据核字 (2020) 第 011109 号

新中国气象事业70周年·西藏卷
Xinzhongguo Qixiang Shiye Qishi Zhounian · Xizang Juan

西藏自治区气象局　编著

出版发行：气象出版社

地　　址：北京市海淀区中关村南大街46号　　**邮政编码：**100081

电　　话：010-68407112（总编室）　　010-68408042（发行部）

网　　址：http://www.qxcbs.com　　**E - mail：**qxcbs@cma.gov.cn

策划编辑：周　露

责任编辑：王萃萃　　　　　　　　　　**终　　审：**吴晓鹏

责任校对：张硕杰　　　　　　　　　　**责任编辑：**赵相宁

装帧设计：新光洋（北京）文化传播有限公司

印　　刷：北京地大彩印有限公司

开　　本：889 mm×1194 mm 1/16　　　　**印　　张：**12.25

字　　数：314 千字

版　　次：2020 年 11 月第 1 版　　　　　　**印　　次：**2020 年 11 月第 1 次印刷

定　　价：256.00 元

《新中国气象事业 70 周年·西藏卷》编委会

总 序

　　1949 年 12 月 8 日是载入史册的重要日子。这一天，经中央批准，中央军委气象局正式成立，开启了新中国气象事业的伟大征程。

　　气象事业始终根植于党和国家发展大局，与国家发展同行共进、同频共振。伴随着国家发展的进程，气象事业从小到大、从弱到强、从落后到先进，走出了一条中国特色社会主义气象发展道路。新中国成立后，我们秉持人民利益至上这一根本宗旨，统筹做好国防和经济建设气象服务。在国家改革开放的大潮中，我们全面加速气象现代化建设，在促进国家经济社会发展和保障改善民生中实现气象事业的跨越式发展。党的十八大以来，我们坚持以习近平新时代中国特色社会主义思想为指导，坚持在贯彻落实党中央决策部署和服务保障国家重大战略中发展气象事业，开启了现代化气象强国建设的新征程。70 年气象事业的生动实践深刻诠释了国运昌则事业兴、事业兴则国家强。

　　气象事业始终在党中央、国务院的坚强领导和亲切关怀下，与伟大梦想同心同向、逐梦同行。党和国家始终把气象事业作为基础性公益性社会事业，纳入经济社会发展全局统筹部署、同步推进。毛泽东主席关于气象部门要把天气常常告诉老百姓的指示，成为气象工作贯穿始终的根本宗旨。邓小平同志强调气象工作对工农业生产很重要，江泽民同志指出气象现代化是国家现代化的重要标志，胡锦涛同志要求提高气象预测预报、防灾减灾、应对气候变化和开发利用气候资源能力，都为气象事业发展指明了方向，鼓舞着我们奋勇前行。习近平总书记特别指出，气象工作关系生命安全、生产发展、生活富裕、生态良好，要求气象工作者推动气象事业高质量发展，提高气象服务保障能力，为我们以更高的政治站位、更宽的国际视野、更强的使命担当实现更大发展，提供了根本遵循。

　　在党中央、国务院的坚强领导下，一代代气象人接续奋斗、奋力拼搏，气象事业发生了根本性变化，取得了举世瞩目的成就。

　　70 年来，我们紧紧围绕国家发展和人民需求，坚持趋利避害并举，建成了世界上保障领域最广、机制最健全、效益最突出的气象服务体系。

　　面向防灾减灾救灾，我们努力做到了重大灾害性天气不漏报，成功应对了超强台风、特大洪水、低温雨雪冰冻、严重干旱等重大气象灾害，为各级党委政府防灾减灾部署和人民群众避灾赢得了先机。我们建成了多部门共享共用的国家突发事件预警信息发布系统，努力做到重点灾害预警不留盲区，预警信息可在 10 分钟内覆盖 86% 的老百姓，有效解决了"最后一公里"问题，充分发挥了气象防灾减灾第一道防线作用。

面向生态文明建设，我们构建了覆盖多领域的生态文明气象保障服务体系，打造了人工影响天气、气候资源开发利用、气候可行性论证、气候标志认证、卫星遥感应用、大气污染防治保障等服务品牌，开展了三江源、祁连山等重点生态功能区空中云水资源开发利用，完成了国家和区域气候变化评估，组织了四次全国风能资源普查，探索建设了国家气象公园，建立了世界上规模最大的现代化人工影响天气作业体系，人工增雨（雪）覆盖 500 万平方公里，防雹保护达 50 多万平方公里，有力推动了生态修复、环境改善，气象已经成为美丽中国的参与者、守护者、贡献者。

面向经济社会发展，我们主动服务和融入乡村振兴、"一带一路"、军民融合、区域协调发展等国家重大战略，主动服务和融入现代化经济体系建设，大力加强了农业、海洋、交通、自然资源、旅游、能源、健康、金融、保险等领域气象服务，成功保障了新中国成立 70 周年、北京奥运会等重大活动和南水北调、载人航天等重大工程，积极引导了社会资本和社会力量参与气象服务，服务领域已经拓展到上百个行业、覆盖到亿万用户，投入产出比达到 1：50，气象服务的经济社会效益显著提升。

面向人民美好生活，我们围绕人民群众衣食住行健康等多元化服务需求，创新气象服务业态和模式，大力发展智慧气象服务，打造"中国天气"服务品牌，气象服务的及时性、准确性大幅提高。气象影视服务覆盖人群超过 10 亿，"两微一端"气象新媒体服务覆盖人群超 6.9 亿，中国天气网日浏览量突破 1 亿人次，全国气象科普教育基地超过 350 家，气象服务公众覆盖率突破 90%，公众满意度保持在 85 分以上，人民群众对气象服务的获得感显著增强。

70 年来，我们始终坚持气象现代化建设不动摇，建成了世界上规模最大、覆盖最全的综合气象观测系统和先进的气象信息系统，建成了无缝隙智能化的气象预报预测系统。

综合气象观测系统达到世界先进水平。气象观测系统从以地面人工观测为主发展到"天—地—空"一体化自动化综合观测。现有地面气象观测站 7 万多个，全国乡镇覆盖率达到 99.6%，数据传输时效从 1 小时提升到 1 分钟。建成了 216 部雷达组成的新一代天气雷达网，数据传输时效从 8 分钟提升到 50 秒。成功发射了 17 颗风云系列气象卫星，7 颗在轨运行，为全球 100 多个国家和地区、国内 2500 多个用户提供服务，风云二号 H 星成为气象服务"一带一路"的主力卫星。建立了生态、环境、农业、海洋、交通、旅游等专业气象监测网，形成了全球最大的综合气象观测网。

气象信息化水平显著增强。物联网、大数据、人工智能等新技术得到深入应用，形成了"云 + 端"的气象信息技术新架构。建成了高速气象网络、海量气象数据库和国产超级计算机系统，每日新增的气象数据量是新中国成立初期的 100 多万倍。新建设的"天镜"系统实现了全业务、全流程、全要素的综合监控。气象数据率先向国内外全面开放共享,中国气象数据网累计用户突破 30 万,海外注册用户遍布 70 多个国家,累计访问量超过 5.1 亿人次。

气象预报业务能力大幅提升。从手工绘制天气图发展到自主创新数值天气预报,从站点预报发展到精细化智能网格预报,从传统单一天气预报发展到面向多领域的影响预报和风险预警,气象预报预测的准确率、提前量、精细化和智能化水平显著提高。全国暴雨预警准确率达到 88%,强对流预警时间提前至 38 分钟,可提前 3 ~ 4 天对台风路径做出较为准确的预报,达到世界先进水平。2017 年中国气象局成为世界气象中心,标志着我国气象现代化整体水平迈入世界先进行列!

70 年来,我们紧跟国家科技发展步伐和世界气象科技发展趋势,大力加强气象科技创新和人才队伍建设,我国气象科技创新由以跟踪为主转向跟跑并跑并存的新阶段。

建立了较为完善的国家气象科技创新体系。我们不断优化气象科技创新功能布局,形成了气象部门科研机构、各级业务单位和国家科研院所、高等院校、军队等跨行业科研力量构成的气象科技创新体系。强化气象科技与业务服务深度融合,大力发展研究型业务。加快核心关键技术攻关,雷达、卫星、数值预报等技术取得重大突破,有力支撑了气象现代化发展。坚持气象科技创新和体制机制创新"双轮驱动",形成了更具活力的气象科技管理制度和创新环境。气象科技成果获国家自然科学奖 26 项,获国家科技进步奖 67 项。

科技人才队伍建设取得丰硕成果。我们大力实施人才优先战略,加强科技创新团队建设。全国气象领域两院院士 35 人,气象部门入选"千人计划""万人计划"等国家人才工程 25 人。气象科学家叶笃正、秦大河、曾庆存先后获得国际气象领域最高奖,叶笃正获国家最高科学技术奖。一系列科技创新成果和一大批科技人才有力支撑了气象现代化建设。

70 年来,我们坚持并完善气象体制机制、不断深化改革开放和管理创新,气象事业从封闭走向开放、从传统走向现代、从部门走向社会、从国内走向全球。

领导管理体制不断巩固完善。坚持并不断完善双重领导、以部门为主的领导管理体制和双重计划财务体制,遵循了气象科学发展的内在规律,实现了气象现代化全国统一规划、统一布局、统一建设、统一管理,形成了中央和地方共同推进气象事业发展、共同建设气象现代化的格局,满足了国家和地方经济社会发展对气象服务的多样化需求。

各项改革不断深化。坚持发展与改革有机结合,协同推进"放管服"改革和气象行政审批制度改革,全面完成国务院防雷减灾体制改革任务,深入推进气象服务体制、业务科技体制、管理体制等改革，初步建立了与国家治理体系和治理能力现代化相适应的业务管理体系和制度体系，为气象事业高质量发展注入强大动力。

开放合作力度不断加大。与近百家单位开展务实合作，形成了省部合作、部门合作、局校合作、局企合作的全方位、宽领域、深层次国内开放合作格局。先后与160多个国家和地区开展了气象科技合作交流，深度参与"一带一路"建设，为广大发展中国家提供气象科技援助，100多位中国专家在世界气象组织、政府间气候变化专门委员会等国际组织中任职，气象全球影响力和话语权显著提升，我国已成为世界气象事业的深度参与者、积极贡献者，为全球应对气候变化和自然灾害防御不断贡献中国智慧和中国方案。

气象法治体系不断健全。建立了《气象法》为龙头，行政法规、部门规章、地方法规组成的气象法律法规制度体系，形成了由国家、地方、行业和团体等各类标准组成的气象标准体系，气象事业进入法治化发展轨道。

70年来，我们始终坚持党对气象事业的全面领导，以政治建设为统领，全面加强党的建设，在拼搏奉献中践行初心使命，为气象事业高质量发展提供坚强保证。

70年来，气象事业发展历程中人才辈出、精神璀璨，有夙夜为公、舍我其谁的开创者和领导者，有精益求精、勇攀高峰的科学家，有奋楫争先、勇挑重担的先进模范，有甘于清苦、默默奉献的广大基层职工。一代代气象人以服务国家、服务人民的深厚情怀，谱写了气象事业跨越式发展的壮丽篇章；一代代气象人推动着气象事业的长河奔腾向前，唱响了砥砺奋进的动人赞歌；一代代气象人凝练出"准确、及时、创新、奉献"的气象精神，激发起干事创业的担当魄力！

70年的发展实践，我们深刻地认识到，**坚持党的全面领导是气象事业的根本保证**。70年来，在党的领导下，气象事业紧贴国家、时代和人民的要求，实现健康持续发展。我们坚持以习近平新时代中国特色社会主义思想为指导，增强"四个意识"，坚定"四个自信"，做到"两个维护"，把党的领导贯穿和体现到气象事业改革发展各方面各环节，确保气象改革发展和现代化建设始终沿着正确的方向前行。**坚持以人民为中心的发展思想是气象事业的根本宗旨**。70年来，我们把满足人民生产生活需求作为根本任务，把保护人民生命财产安全放在首位，把老百姓的安危冷暖记在心上，把为人民服务的宗旨落实到积极推进气象服务供给侧结构性改革等各方面工作，促进气象在公共服务领域不断做出新的贡献。**坚持气象现代化建设不动摇是气象事业的兴业之路**。70年来，我们坚定不移加强和推进气象现代化建设，以现代化引领和推动气象事业发展。我们按照新时代中国特色社会主义事业的战略安排，谋划推进现代化气象强国建设，确保气象现代化同党和国家的发展要求相适应、同气象事业发展目标相契合。**坚持科技创新驱动和人才优先发展是气象事业的根本动力。**70 年来，我们大力实施科技创新战略，着力建设高素质专业化干部人才队伍，集中攻关制约气象事业发展的核心关键技术难题，促进了气象科技实力和业务水平的不断提升。**坚持深化改革扩大开放是气象事业的活力源泉。**70 年来，我们紧跟国家步伐，全面深化气象改革开放，认识不断深化、力度不断加大、领域不断拓展、成效不断显现，推动气象事业在不断深化改革中披荆斩棘、破浪前行。

铭记历史，继往开来。《新中国气象事业 70 周年》系列画册选录了 70 年来全国各级气象部门最具有历史意义的图片，生动全面地记录了气象事业的发展足迹和突出贡献。通过系列画册，面向社会充分展示了气象事业 70 年来的生动实践、显著成就和宝贵经验；展现了气象事业对中国社会经济发展、人民福祉安康提供的强有力保障、支撑；树立了"气象为民"形象，扩大中国气象的认知度、影响力和公信力；同时积累和典藏气象历史、弘扬气象人精神，能够推动气象文化建设，凝聚共识，汇聚推进气象事业改革发展力量。

在新的长征路上，气象工作责任更加重大、使命更加光荣，我们将以习近平新时代中国特色社会主义思想为指导，不忘初心、牢记使命，发扬优良传统，加快科技创新，做到监测精密、预报精准、服务精细，推动气象事业高质量发展，提高气象服务保障能力，发挥气象防灾减灾第一道防线作用，以永不懈怠的精神状态和一往无前的奋斗姿态，为决胜全面建成小康社会、建设社会主义现代化国家做出新的更大贡献！

中国气象局党组书记、局长：刘雅鸣

2019 年 12 月

前　言

　　2019 年是新中国成立 70 周年，是西藏自治区民主改革 60 周年。70 年来特别是党的十八大以来，西藏气象部门以习近平新时代中国特色社会主义思想为指导，在中国气象局党组和自治区党委、政府的坚强领导下，在全国气象部门的无私支援下，全区各族气象工作者以一往无前的进取精神，团结一心、艰苦奋斗、开拓创新、砥砺奋进，西藏气象事业实现了从无到有、从小到大、从弱到强、从落后到先进的历史性飞跃，气象综合监测、气象预测预报预警服务、气象防灾减灾、气象科技创新和人才队伍建设、气象法治建设和管理创新、基层基础条件改善、党的建设、精神文明建设和气象文化建设等各方面取得了辉煌成就，在服务经济社会发展、人民福祉安康、保障生态文明建设，应对气候变化、脱贫攻坚、乡村振兴、"一带一路"建设、自治区重大活动等领域发挥着重要的作用，政府和公众满意度持续提高，开创了西藏气象事业快速发展的新局面，西藏气象事业发生了历史性的深刻变化。

　　砥砺前行，踏石留印。为纪念新中国成立 70 周年和西藏民主改革 60 周年，面向各级党政及相关部门、社会公众展现 70 年来西藏气象事业发展历程、生动实践、辉煌成就和宝贵经验，展现西藏气象人坚守高原、攻坚克难、爱岗敬业的良好精神风貌，传播气象发展正能量，西藏自治区气象局组织出版了《新中国气象事业 70 周年·西藏卷》。本书用生动的图片和文字，从党和政府亲切关怀、公共气象服务、现代气象业务、气象科技创新、气象管理体系、开放与合作、气象援藏工作、气象基层台站建设、气象精神文明建设九个方面，集中反映了 70 年来特别是党的十八大以来西藏气象事业发展的清晰脉络和丰硕成果，生动展现了西藏气象在服务国家重大战略、服务经济社会发展和人民福祉安康方面发挥的重要支撑保障作用。它是一种记录和见证，更是一种激励和鼓舞。相信本书的出版，必将推动全社会更加深入地认识和理解西藏气象事业，极大地增强西藏气象人的自豪感和凝聚力，汇聚西藏气象事业高质量发展的强劲动力。

迈入新时代，启航新征程。站在新的历史起点上，机遇与挑战并存，责任与压力同在。让我们更加紧密地团结在以习近平同志为核心的党中央周围，以习近平新时代中国特色社会主义思想为指导，不忘初心、牢记使命，增强"四个意识"，坚定"四个自信"，做到"两个维护"，以时不我待、只争朝夕的干劲和功成不必在我、功成必定有我的境界和历史担当，勇做新时代的奋斗者、追梦人，奋力推进西藏气象事业高质量发展，为西藏发展、稳定、生态三件大事做出新的更大的贡献！

西藏自治区气象局党组书记：

2019 年 12 月

目 录

党和政府亲切关怀篇

　　1950年，中国人民解放军第十八军奉命进军西藏，随军陆续到来一批气象科技人员。这些气象科技人员的到来，填补了西藏气象事业的空白。同年，昌都航空气象站的首次观测记录，成为新中国西藏气象事业的开端。70年来，西藏气象事业伴随着新中国一起成长，共赴辉煌。特别是党的十八大以来，西藏气象部门以习近平新时代中国特色社会主义思想为指导，在中国气象局党组和西藏自治区党委、政府的坚强领导下，在全国气象部门的无私援助下，全区各族气象工作者团结一心、艰苦奋斗、砥砺奋进，西藏气象事业实现了从无到有、从小到大、从弱到强的历史性飞跃，取得了辉煌成就。

中国气象局领导关怀

中国气象局党组历来关心支持西藏气象工作，始终心系高原边疆气象干部职工工作生活，对西藏气象工作给予了多方面的倾斜支持。70 年来，特别是中央第六次西藏工作座谈会、气象部门西藏工作暨援藏工作会议以来，西藏气象部门积极转变发展思路，持续推进西藏气象现代化建设，推动西藏气象事业高质量发展，为西藏发展、稳定、生态三件大事提供了有力的服务支撑。

01

02

03

01 1980 年 8 月，中央气象局副局长邹竞蒙（左一）在西藏自治区气象局副局长古桑曲吉（前排右）陪同下在拉萨考察

02 1994 年 9 月 27 日，中国气象局副局长温克刚（后排中）在西藏高原大气环境科学研究所考察

03 2001 年 8 月 13 日，中国气象局党组书记、局长秦大河（前右二）在西藏自治区气象台考察

◀ 2016 年 8 月 11 日，中国 气象局党组书记、局长郑国 光（左二）在林芝市气象局 调研时同参加业务集训的县 气象局职工亲切交谈

◀ 2018 年 9 月 17 日，中国气 象局党组书记、局长刘雅鸣 （前排中）在西藏自治区气象 局党组书记拉卓（前排左二） 陪同下，赴山南市错那县气 象局，调研指导基层县局气 象工作，并亲切慰问高寒县 局干部职工

　　2018 年 9 月，中国气象局与西藏自治区政府在拉萨签署新一轮合作协 议，共推西藏气象在适应国家战略、满足人民新需求、服务经济社会发展中 发挥更大作用和效益。中国气象局党组书记、局长刘雅鸣，西藏自治区党委 副书记、自治区主席齐扎拉代表双方在协议上签字。在藏期间，刘雅鸣局长 一行深入山南市气象局以及班戈、错那、隆子、当雄等高海拔艰苦台站调研 气象改革发展情况，并代表中国气象局党组慰问一线干部职工。

　　刘雅鸣局长强调，长期以来，一代代气象工作者扎根在"生命禁区"， 紧紧围绕西藏经济社会发展大局，狠抓气象预测预报服务，不断开创气象工 作新局面，取得的成绩，令人敬佩。她要求，西藏各级气象部门要提高政治 站位，要着眼地方经济社会发展大局，紧紧围绕综合防灾减灾、生态文明建 设、乡村振兴、气象军民融合、孟中印缅经济走廊发展等重大需求，不断提 高服务保障能力和水平；要开拓创新，深化改革，破解制约事业发展的体制 机制障碍和难题，提升事业发展内生动力；要加强干部人才队伍建设，关心 基层干部队伍，多措并举培养使用管理好年轻干部；要加强党的建设，落实 部门全面从严治党要求。

▲ 2004 年 8 月 3 日，中国气象局党组书记、局长秦大河（右二）在自治区气象台视察

▲ 2009 年 5 月 4 日，西藏自治区人民政府常务副主席吴英杰（右一）和中国气象局党组书记、局长郑国光（右二）共商西藏气象事业发展

▲ 2016 年 8 月 12 日，中国气象局党组书记、局长郑国光（右一）出席高分辨率对地观测系统西藏数据与应用中心成立揭牌仪式。图为郑国光向西藏自治区领导介绍高分一号卫星西藏自治区遥感监测图

▲ 2018 年 9 月 19 日，中国气象局党组书记、局长刘雅鸣（中）在西藏自治区政府副主席坚参（右一）及西藏自治区气象局党组书记拉卓陪同下，在拉萨市当雄县气象局调研

▲ 2007年8月28日，中国气象局副局长张文建（右四）、林芝地区行署副专员杨芳宇（右五）检查指导林芝地区气象台气象服务工作

▲ 2008年8月31日，中国气象局副局长宇如聪（左二）与西藏自治区人民政府副主席次仁（左三）在山南地区气象局视察

2011年7月7日，西藏自治区人民政府副主席 ▶ 邓小刚（右二）会见中国气象局党组副书记、副局长许小峰（左一）

▲ 2014年8月19日，中国气象局副局长于新文（右一）和赴藏调研组一行与西藏自治区人民政府副主席坚参（右二），视察拉萨小昭寺便民警务站气象精细化监测预警服务平台

▲ 2017年9月24日，中国气象局党组副书记、副局长许小峰（右一）在自治区气象局检查安全生产及气象服务工作

▲ 2001 年 8 月 13 日，中国气象局党组书记、局长秦大河对西藏气象工作题词

◀ 2003 年 7 月 17 日，全国政协人口资源环境委员会副主任，原中国气象局党组书记、局长温克刚对西藏气象工作题词

▲ 1993 年 1 月 18 日，西藏自治区人民政府副主席加保
（左五）在西藏高原大气环境科学研究所视察

西藏自治区和
地方领导关怀

多年来，西藏气象工作得到了自治区党委、政府的高度重视，自治区及地方各界领导始终关心支持全区气象工作，关爱关怀气象干部职工。

▲ 2001 年，中国气象局党组书记、局长秦大河（左三），自治区党委书记杨传堂（左四）出席西藏气象工作会议

▲ 2002 年 6 月 18 日，西藏自治区人民政府副主席加保（前排右三）在西藏高原大气环境科学研究所考察

▲ 2004 年 5 月 31 日，全国妇联副主席巴桑（中）在西藏高原大气环境科学研究所视察

▲ 2005 年 7 月，西藏自治区人大常委会副主任阿扣（前排右一）在那曲地区气象局视察

▲ 2006 年，西藏自治区人民政府副主席德吉措姆（右一）看望慰问西藏气象第一位女博士卓嘎（右二）

▲ 2007 年 6 月 12 日，西藏自治区党委副书记张裔炯（左二）视察藏北气象工作

◄ 2007 年 8 月，全国人大环境资源委员会主任毛如柏（前排右一）在西藏自治区气象局视察

▲ 2010 年 8 月 31 日，全国总工会中国农林水利工会副主席江南（左一）视察那曲地区安多县气象局

▲ 2013 年 7 月 15 日，西藏自治区人民政府副主席坚参（中）到自治区气象局检查指导汛期气象服务工作

▲ 2015 年 8 月 12 日，西藏自治区党委副书记、自治区人民政府主席洛桑江村（前排右三），西藏自治区人民政府副主席坚参（左一）调研藏北气象工作

▲ 2016 年 12 月 16 日，西藏自治区人民政府副主席汪海洲（前排右一）到自治区气象局调研气象信息化建设工作

▲ 2017 年 5 月 30 日，我国确定的首个"科技工作者日"，西藏自治区党委常委、组织部部长曾万明（前排右二）到西藏自治区气象局看望慰问气象科技工作者。图为曾万明听取卫星遥感技术应用服务情况

▲ 2018 年 5 月 17 日，正在浙江杭州参加第二届中国国际茶业博览会的西藏自治区人民政府副主席坚参（左一）看望慰问全国优秀共产党员、全国劳模、西藏气象干部陈金水同志（中）

发扬老西藏精神，加快现代化步伐，推动西藏气象事业九十年代再上新台阶！

毛如柏
一九九三年八月九日

▲ 1993 年 8 月 9 日，西藏自治区党委副书记毛如柏为西藏气象工作题词

发展气象事业，为西藏经济发展和社会进步服务。

邓楠
杨传堂
一九九四年八月十八日

▲ 1994 年 8 月，国家科学技术委员会副主任邓楠、西藏自治区党委副书记杨传堂对气象工作题词

搞好气象服务造福西藏人民

郭金龙
一九九四.九.廿七

▲ 1994 年 9 月 27 日，西藏自治区党委副书记郭金龙对气象工作题词

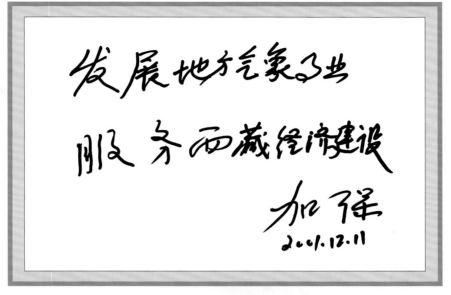

▲ 2001 年 12 月 11 日，西藏自治区人民政府副主席加保对气象工作题词

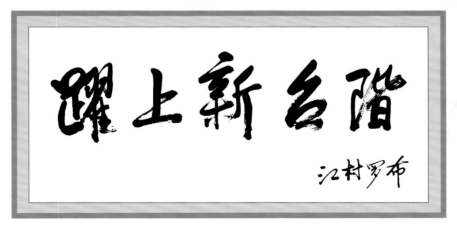

▲ 2007 年 9 月 7 日，西藏自治区人民政府主席江村罗布对气象工作题词

公共气象服务篇

近年来，受全球气候变暖的影响，西藏各类气象灾害呈现多发态势，公共气象服务在防灾减灾方面的作用越加凸显。在自治区党委、政府和中国气象局的关心与支持下，西藏气象部门大力发展公共气象服务，不断完善各项运行机制，开通了西藏气象、西藏天气微信公众号、"天气实景"APP等新媒体随身气象服务，促进公共气象服务运行效率不断提高，获得了各级地方政府领导和广大人民群众的认可。目前，西藏县级公共和决策气象服务覆盖率达到100%，公共气象服务满意度超过85分。

气象防灾减灾

　　多年来，西藏气象部门切实关注民生，及时有效地开展冬春强降雪、汛期强降水等灾害性天气保障服务。特别是 2018 年，西藏金沙江、雅江 4 次山体滑坡形成堰塞湖，西藏气象部门上下联动，严密监测，为抢险救灾工作提供了精确及时的气象保障服务，受到应急管理部、中国气象局和自治区党委、政府领导的充分肯定。

▲ 2007 年 4 月 10 日，那曲地区气象局首次开展人工增雪作业取得成功

▲ 2007 年 11 月 16 日，全区气象防灾减灾大会在西藏自治区气象局召开

▲ 2011 年 4 月 1 日，西藏自治区人民政府首次召开气象灾害应急处置领导小组会议，部署气象防灾减灾工作

▲ 2013 年 7 月 4 日，西藏自治区气象局开展汛期气象应急保障服务综合演练

▲ 2013 年 7 月 29 日，山南地区气象、农牧等多部门首次在乃东县亚堆乡曲德沃村联合开展山洪地质灾害防范应急演练，提升广大群众防范和应对突发性自然灾害的能力

▲ 2015 年 4 月 25 日，西藏自治区气象局局长拉卓（右三）率队赶赴日喀则市聂拉木县 5.3 级地震灾区看望慰问受灾气象职工，指导抗震救灾气象服务工作

▲ 2016 年 12 月 5 日至 8 日，西藏自治区突发气象灾害风险管理研讨班在北京举办

▲ 2017 年 3 月 11 日，山南错那县气象局业务人员在暴风雪中艰难开展雪深等气象要素观测

⊙ 狮泉河

图例
可能性很大
可能性大
可能性较大
可能发生
不会发生

▲ 2017 年 12 月 6 日，林芝市气象局在巴宜区开展气象灾害防御应急演练

▲ 2018年5月3日至6日，全区人工影响天气业务管理技能培训班在拉萨开班。图为专家向参训人员讲解 BL-2A 型火箭发射系统操作及维护保养知识

▲ 2018年10月11日，西藏昌都市江达县波罗乡波公村发生山体滑坡，金沙江主河道被堵，形成堰塞湖。图为现场服务人员在灾区安装便携式移动气象站

西藏山洪地质灾害气象风险预警
2019年7月10日20时-11日20时

◎ 那曲市

◎ 昌都市

★ 拉萨市　　◎ 林芝市

◎ 日喀则市　　◎ 山南市

公众气象服务

　　长期以来，西藏气象部门以供给侧改革和公众需求为牵引，不断提升公共气象服务的针对性和有效性。融入自治区乡镇农牧综合服务中心建设，建成了 685 个乡镇气象信息服务站，实现乡镇全覆盖，进一步畅通当地农村气象服务信息发布渠道，有效解决了气象信息传播"最后一公里"问题。同时，逐步推进"传统媒体 + 新媒体"的公共气象服务信息发布模式，在传统媒体的基础上，建立了"两微一端"及西藏气象抖音短视频等新媒体随身智慧气象服务。

◀ 西藏气象部门制作的藏汉双语气象防灾减灾知识明白卡

◀ 2010 年 8 月 25 日，拉萨市气象局举办首届气象信息员培训班

2011 年 12 月 15 日，阿里地区 ▶
霍尔乡气象综合信息服务站成立

2011 年 9 月 29 日，西藏首个 ▶
乡镇气象信息服务站在山南琼结
县加麻乡正式挂牌成立

2012 年 5 月 1 日，西藏自治区 ▶
气象局影视中心记者赴 318 国
道中尼公路聂拉木至樟木段泥石
流现场采访报道

▲ 2017 年改版后的西藏农牧经济信息网

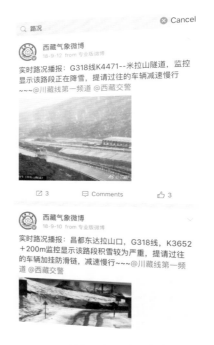

▲ 西藏气象部门研发的手机 APP　　　　▲ 微博－交通实况播报

▲ 2017 年开发运行的西藏气象 APP 决策版

▲ 西藏气象官方抖音号

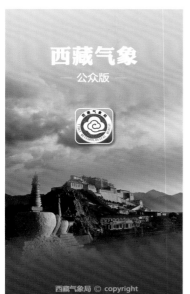

▲ 2017 年运行的西藏气象 APP 公众版，提供藏汉双语界面

▲ 西藏天气二维码

气象助力乡村振兴

多年来，自治区气象局加大了中央财政"三农"服务专项和山洪地质灾害防治气象保障工程项目建设，全区 7 个市（地）、74 个县（区）和 562 个乡（镇）成立了气象防灾减灾指挥部，气象信息员队伍扩大到 8 万多名，实现了气象信息员村级全覆盖。近年来，西藏气象部门根据西藏农业生产发展需求，结合全区农牧业生产现状，加强农业气象灾害监测预警，在重要农事季节发布有针对性的农业气象服务产品，与各级农牧部门联合开展农业生产田间调查等"直通式"气象服务，为农业生产提供科学指导和生产建议，做好气象防灾减灾服务，为政府决策部门提供防灾减灾科学依据，以确保全区粮食生产安全。

2006 年 8 月 17 日，西藏自 ▶
治区气象台台长边巴扎西（右
二）率队赴山南地区开展农业
气象服务工作调研

2009 年 6 月，西藏自治区气 ▶
象局工作人员在进行旱情调查

◄ 2011年2月17日，西藏自治区气象局农业气象业务人员在山南贡嘎县开展旱情调查

2012年5月10日，西藏自治区 ► "三农"气象服务现场会议参会代表在墨竹工卡县参观温室大棚农田小气候站

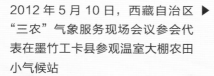

◄ 2013年6月24日，西藏自治区人民政府副主席坚参率农牧、气象等涉农部门负责人赴阿里地区调研。这是西藏气象部门首次列入政府调研组，参与政府调研工作

▲ 2013 年 5 月 9 日，西藏自治区中央财政"三农"服务专项建设现场交流会在拉萨市墨竹工卡县召开

▲ 2015 年 5 月 29 日，西藏自治区气象局农业气象业务人员在林芝开展麦类锈病田间调查

▲ 2015 年 8 月 19 日，西藏自治区气象局农业气象业务人员与自治区农牧部门工作人员在昌都洛隆县联合进行产量调查

▲ 2015 年 10 月 16 日，山南地区气象局在西藏民主改革第一村——克松村举办首届设施农业气象服务培训班。图为农业气象专家在现场向农户讲解农业气象知识

▲ 2017 年 3 月 23 日，西藏自治区气候中心工作人员赴林芝市察隅县小麦种植地开展"直通式"农业气象服务

▲ 2018 年 5 月，西藏气象部门业务人员深入林芝市朗县登木乡、仲达镇、朗镇等乡镇，调查了解气象为农服务需求

▲ 2019 年 6 月，西藏自治区气象局农业气象业务人员在日喀则做旱情调查

▲ 西藏乡镇气象信息服务站平台

生态气象保障服务

制定了《西藏自治区气象局生态文明建设气象保障服务发展实施方案》，开展了川藏铁路、"电力天路"等大型项目的气候论证，协助西藏自治区发展和改革委员会开展了应对气候变化统计核算研究。开展了遥感监测服务工作，发布了"一江两河"监测公报，协助完成了草场划定、河长制、湖长制等自治区重点工作。编制了《西藏气候变化和生态环境评估报告》。

▲ 2004 年 9 月，西藏阿里地区札达县境内堰塞湖监测图

▲ 2011 年 11 月 26 日，西藏自治区气象局组织青年科技人员到海拔 5400 多米的卡若拉冰川，在雪线处开展常规气象观测

▲ 2015 年 4 月 15 日，拉萨市气象局技术人员在大昭寺安装气象监测系统，开展文物保护气象监测和服务工作

▲ 2016 年 11 月 1 日，西藏自治区气象局组织科技人员开展藏西北典型湖泊变化野外科学考察，为保障西藏生态文明建设提供科学数据支撑

▲ 2016 年 8 月 16 日，高分辨率对地观测系统西藏数据与应用中心工作人员在拉萨市林周县旁多水利枢纽工程现场采集生态数据

▲ 2018 年 5 月 3 日，西藏自治区气象局技术人员在拉萨市参加自治区河长制办公室组织的河长制检查工作

▲ 2019 年 8 月 15 日，西藏自治区气象局技术人员在日喀则市萨嘎县进行土壤水分观测

行业气象服务

随着科技的飞速发展，西藏气象部门在传统气象服务的基础上，细化服务产品及内容，改进气象服务产品的供给方式，不断推进道路交通、旅游、电力、能源等专业气象服务。

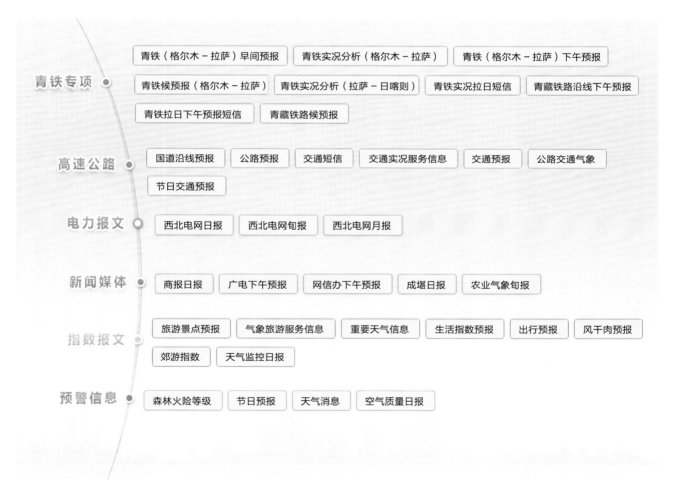

青铁专项 ● 青铁（格尔木－拉萨）早间预报 | 青铁实况分析（格尔木－拉萨） | 青铁（格尔木－拉萨）下午预报
青铁候预报（格尔木－拉萨） | 青铁实况分析（拉萨－日喀则） | 青铁实况拉日短信 | 青藏铁路沿线下午预报
青铁拉日下午预报短信 | 青藏铁路候预报

高速公路 ● 国道沿线预报 | 公路预报 | 交通短信 | 交通实况服务信息 | 交通预报 | 公路交通气象
节日交通预报

电力报文 ○ 西北电网日报 | 西北电网旬报 | 西北电网月报

新闻媒体 ● 商报日报 | 广电下午预报 | 网信办下午预报 | 成堪日报 | 农业气象旬报

指数报文 ● 旅游景点预报 | 气象旅游服务信息 | 重要天气信息 | 生活指数预报 | 出行预报 | 风干肉预报
郊游指数 | 天气监控日报

预警信息 ● 森林火险等级 | 节日预报 | 天气消息 | 空气质量日报

▲ 西藏行业气象服务种类

▲ 青藏铁路气象服务产品样本

▲ 利用西藏专业气象服务系统
生成的交通气象服务结果

▲ 交通气象可视化平台西藏自治区全区国道 39 个站点实时监测图

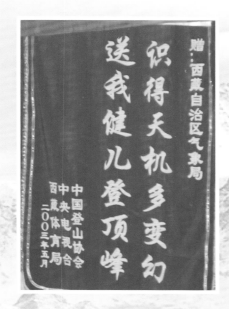

◄ 2003 年 5 月 28 日，中国登山协会、中央
电视台、西藏自治区体育局联合向西藏自
治区气象局赠送锦旗，感谢气象部门对登
山活动提供优质气象保障服务

▲ 2006 年 1 月 18 日，在珠穆朗玛峰为北京奥运火炬采集火种演练提供气象保障服务的全体气象工作人员

决策气象服务

多年来，西藏气象部门遵循需求牵引，有力开展了灾害性、转折性和关键性天气的决策气象服务，加强气象保障服务，圆满完成了珠峰北京奥运火炬传递、西藏和平解放 60 周年庆祝大会、西藏自治区成立 50 周年庆祝大会、中国西藏旅游文化国际博览会等重大活动气象保障服务和重大灾害性天气、地震及其他地质灾害、重大森林火灾等应急抢险气象保障服务，充分发挥了气象在防灾减灾"第一道防线"中的突出作用。

◀ 2000 年 1 月 8 日，西藏自治区气象台业务人员在分析天气形势

◀ 2004 年全区防雷减灾工作情况交流会

▲ 2004 年 8 月 31 日，西藏气象部门组织人工影响天气炮手开展人工影响天气实操演练

▲ 西藏气象部门积极开展人工增雨作业，为缓解旱情提供保障服务

▲ 2007 年 12 月 6 日，西藏气象部门培训农牧民人工影响天气作业炮手，让他们更好地为西藏经济发展服务

▲ 2011 年 1 月 6 日，西藏自治区政府应急管理办公室、自治区气象局在拉萨羊八井联合开展气象灾害应急演练

2012 年 3 月 27 日，西藏气 ▶
象部门应急保障服务人员在
山南桑日县林区火灾现场观
测相关气象要素

◀ 2012 年 3 月 30 日，西藏
自治区气象局副局长旦增顿
珠（右三）在山南地区桑日
县森林火灾现场与武警森林
部队领导一起研究扑救方案

2013 年 7 月 4 日，西藏自治 ▶
区气象局开展汛期气象应急保
障服务综合演练

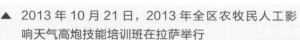

▲ 2013 年 10 月 21 日，2013 年全区农牧民人工影响天气高炮技能培训班在拉萨举行

▲ 2015 年 6 月，那曲地区组织汛期综合应急演练，西藏自治区政协副主席、那曲地委书记高扬（前排中）指导气象保障服务应急演练

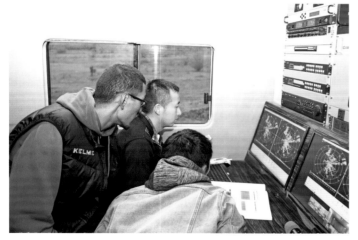

▲ 2018 年 7 月 22 日，西藏自治区第十二届区运会暨第四届民族传统体育运动会在拉萨开幕。图为现场保障服务人员分析天气雷达回波图

▲ 2018 年 10 月 17 日凌晨，西藏自治区气象局副局长赵一平为前往林芝市米林县雅鲁藏布江峡谷山体滑坡一线开展应急保障服务的专家组进行动员

现代气象业务篇

    1978 年以前，天气预测预报主要凭借预报员对天气图、气象资料、天气气候特点的认知程度和积累的经验进行，业务单一，准确率较低。随着科学技术的进步，西藏气象观测业务经历了从有人值守观测到无人自动观测；从手持观测设备、移动气象观测站、车载雷达，到移动气象台阶段。截至 2018 年底，西藏自治区已拥有 211 个国家级地面层和高空层观测站，125 个自治区级地面层和高空层观测站，2 个空间观测层卫星气象接收站及 40 个省市县三级卫星广播接收小站，基本形成了天基、空基和地基相结合，全方位、立体式、现代化的综合观测体系。

综合气象观测

　　1978 年以前，在西藏 120 万平方千米的广袤土地上，仅有 39 个气象观测站，相当于每 1 万平方千米的范围内只有 0.3 个气象站，远低于全国平均水平。观测、报表制作、绘图、发报等所有业务环节全部依靠人工完成，效率较低。党的十八大以来，西藏气象部门基本形成天基、空基和地基相结合，全方位、立体式、现代化的综合观测体系，观测站网由平均每 3 万平方千米 1 个气象站上升至平均每 1.5 万平方千米 1 个，气象灾害的监测手段、水平、精度、效率得到大幅提升。同时，借助国家大中型项目，强力推进气象综合监测现代化建设，气象灾害的监测手段、水平、精度、效率得到大幅提升，并实现了县县有气象站、关键区域一县多站的目标。建立了 5 个地（市）级移动计量检定系统、区级装备运行监控平台，以及区级管理保障为主，阿里、昌都 2 个地（市）级保障分中心为辅，基本覆盖区、地（市）、县三级的气象技术装备保障体系。

01	02
03	

01　1961 年，阿里地区气象站建站时，工作人员在记录观测数据

02　20 世纪 70—80 年代西藏自治区气象业务人员在使用莫尔斯通信传输气象观测数据

03　20 世纪 70—80 年代安装在西藏自治区气象局院内的卫星天线

▲ 20 世纪 80 年代，西藏气象部门工作人员使用的 PC-1500 微型计算机

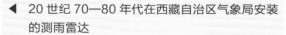

◄ 20 世纪 70—80 年代在西藏自治区气象局安装的测雨雷达

▲ 20 世纪 80 年代西藏自治区气象局农业气象业务人员在拉萨郊区开展农业气象观测

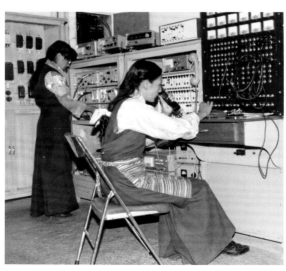

▲ 20 世纪 80—90 年代初西藏气象部门业务人员在使用程控电话通信

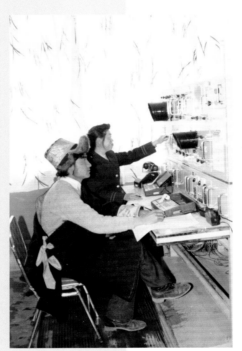

01	02
03

01 20 世纪 90 年代初，西藏自治区气象局业务人员在接收"711"雷达传回的探空信号

02 20 世纪 90 年代西藏自治区气象局装备保障人员在检定校准气压表

03 20 世纪 90 年代，西藏自治区气象局开展气候等资料整编

01
02 | 03

01 20世纪90年代，西藏拉萨市气象局观测人员在开展太阳辐射观测

02 20世纪90年代，西藏自治区气象局气象资料由手工编辑走向计算机管理

03 20世纪90年代，西藏自治区气象局气候资料室使用自动填图系统开展工作

▲ 1993 年，西藏自治区气象局使用数传单边带传输地面气象观测数据

▲ 1996 年 6 月，安装在西藏日喀则市江孜县气象局楼顶的卫星天线

▲ 1996 年 10 月，安装在西藏自治区气象局大院的西部静止卫星接收天线

▲ 1998 年，西藏自治区气象局工作人员在进行气候资料报表录入工作

▲ 2003 年，西藏自治区气象局探空业务人员在施放探空气球

▲ 2003 年 10 月，西藏首部新一代天气雷达在自治区气象局预警楼顶成功安装

▲ 2005 年 7 月 9 日，西藏自治区气象局在拉萨市完成 L 波段雷达安装并投入业务使用

▲ 2005 年 7 月，西藏首个海拔 5000 米以上的珠穆朗玛峰绒布寺自动气象站建成

▲ 2005 年 3 月 29 日，西藏自治区气象局举办"西藏气象站网建设技术培训班"，安排部署全区自动气象站建设工作

▲ 2006 年 3 月 12 日，西藏拉萨大气成分观测站在西藏自治区气象局建成

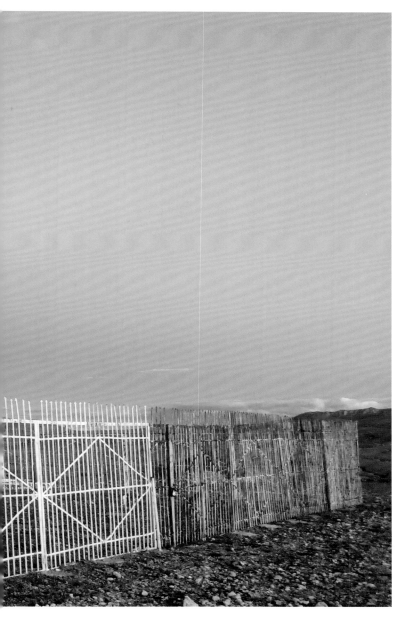

◀ 2005 年 7 月，海拔 5000 米以上的那曲地区尼玛县国家自动气象站建成

▲ 2008 年 3 月 18 日，西藏自治区气象局 JICA 项目探空强化试验加密观测全面铺开

◀ 2009 年 6 月 26 日，西藏林芝市墨脱县无人自动气象站建成并投入业务运行，结束了该县无气象观测站的历史

▲ 2010 年 8 月 22 日，西藏气象部门在海拔 5200 米的艰苦地区建设自动气象站

▲ 2011 年 10 月 14 日，西藏林芝地区气象局工作人员在墨脱县安装双套雨量观测仪器

▲ 2013 年 10 月，西藏首个国家级无人基准气候站——日喀则仲巴县无人基准气候站建成并投入业务运行

▲ 2013 年建成的昌都地区气象局土壤水分观测站

▲ 2014 年 8 月 28 日，GPZ1 型自动探空系统落户西藏阿里狮泉河国家基准气候观测站

▲ 2015 年 5 月，西藏气象部门在山南错那县勒布沟茶场建成小气候自动观测站

▲ 2016 年 1 月 20 日，西藏气象部门基层业务人员在观测积雪深度

▲ 2017 年 5 月，西藏气象部门在那曲地区比如县开展新建自动气象观测站放线工作

▲ 气象装备计量检定人员在做湿度检定
工作

2017 年 5 月 9 日，西藏气象部门技术人员 ▶
对林芝市境内交通气象观测站进行维护维修

▲ 2017 年 7 月 23 日，西藏气象部门在昌都建成首个高山生态自动站

▲ 2018 年 6 月 22 日，中国人口最少的边镜乡——西藏山南市隆子县玉麦乡建成历史上首个无人自动气象站

▲ 2017 年 10 月 27 日，西藏气象部门工作人员在高空开展设备检定工作

▲ 2018 年 6 月 25 日，西藏气象部门业务人员开展区域自动气象站巡检维护

▲ 2018 年 7 月 2 日，风云四号卫星地面接收站在山南安装并投入业务运行

2018 年 7 月，西藏气象部 ▶
门业务人员对海拔 4751 米
的纳木错无人自动气象站
进行升级改造

2018 年 7 月 11 日，西藏 ▶
气象部门业务人员在进行
自动气象站选址工作

2018 年 9 月，西藏气象部 ▶
门工作人员对世界海拔最
高的县——那曲市双湖县
无人气候站进行升级改造

◀ 2019 年 2 月 28 日，西藏
日喀则聂拉木县遭遇罕见的
强降雪天气过程，聂拉木县
气象局工作人员在风雪中对
观测设备进行积雪清理维护

◀ 2019 年 4 月，西藏气象部
门工作人员在萨普冰川进行
无人自动气象观测站建设选
址工作

◀ 2019 年 4 月，西藏首个地
气通量系统观测站在那曲市
色尼区罗马镇建成运行，填
补了西藏气象部门地气通量
系统观测的空白

▲ 2019 年 7 月 19 日，林芝市气象局建成巴河自动气象站，弥补了该区域无气象资料的空白

▲ 海拔 5052 米的西藏阿里普兰县霍尔乡马攸六要素自动气象观测站

2018 年 5 月 30 日，中国气象局印发《关于公布首批百年气象站名录的通知》（中气函〔2018〕106 号），经中国气象局认定，西藏自治区的以下 15 个气象站点得到"五十年"认定，收录于中国百年气象站名录。

首批中国百年气象站名录（西藏站点）"五十年"认定（15 个）

西藏安多国家基准气候站 ▶
（1965 年建站）

西藏班戈国家基本气象站 ▶
（1956 年建站）

西藏昌都国家基准气候站 ▶
（1951 年建站）

▲　西藏当雄国家基本气象站（1956年建站）　　　　　▲　西藏错那国家基准气候站（1966年建站）

▲　西藏丁青国家基本气象站（1954年建站）

▲ 西藏嘉黎国家基本气象站（1952年建站）

▲ 西藏江孜国家基本气象站（1956年建站）

▲ 西藏隆子国家基本气象站（1959年建站）

01　西藏聂拉木国家基准气候站
（1966 年建站）

02　西藏帕里国家基本气象站
（1956 年建站）

03　西藏日喀则国家基准气候站
（1955 年建站）

01
02
03

01 西藏申扎国家基准气候站
（1960 年建站）

02 西藏索县国家基准气候站
（1956 年建站）

03 西藏泽当国家基本气象站
（1956 年建站）

01
02

03

气象预报预测

改革开放以来，特别是党的十八大以来，西藏气象部门以气象现代化建设为抓手，着力提升天气预测预报预警服务能力，预报时效由过去的 24 小时预报，提升到现在的逐 3 小时预报，并实现了天气实况服务每 10 分钟更新。与 5 年前相比，西藏城镇晴雨预报准确率提高了 6.7%，最低气温准确率提高了 2.6%，月降水气候预测准确率提高了 5.7%。预警信息发布及时高效、覆盖面不断拓宽。

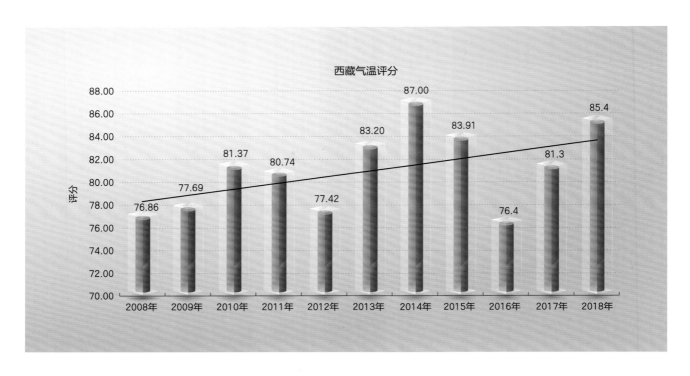

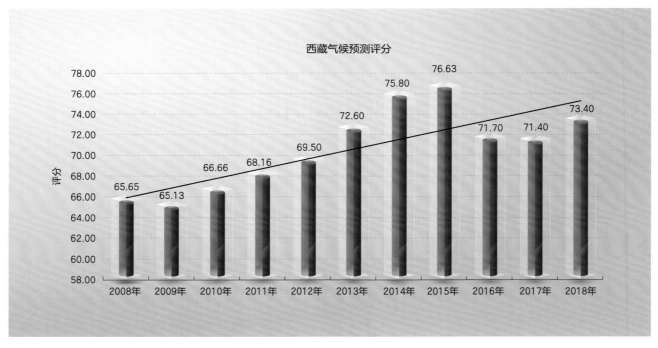

2012—2018 年西藏气候预测评分图（包括 24 小时晴雨、最高气温、最低气温及综合图 ）

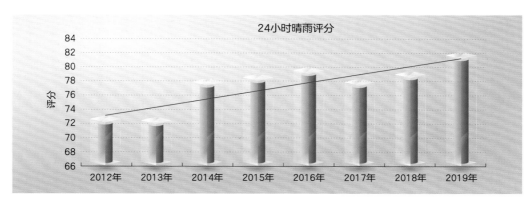

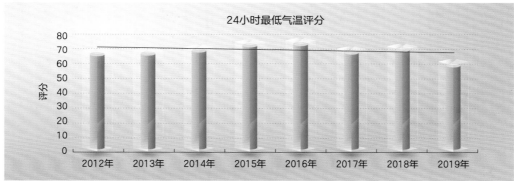

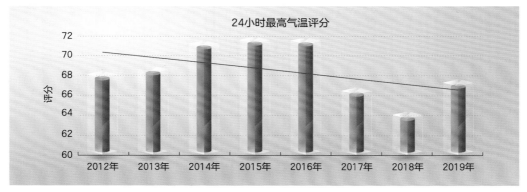

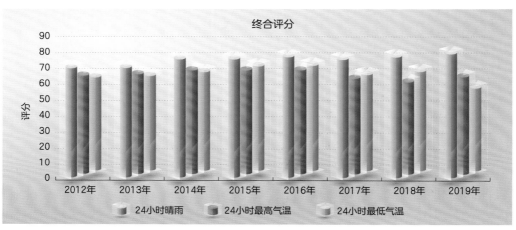

▲ 1999 年，西藏自治区气象台预报人员会商天气形势

▲ 2002 年 9 月 1 日，西藏自治区气象局天气预报主持人走上电视荧屏，在西藏卫视汉语、藏语频道播出有主持人的《天气预报》，成为全国第一个使用少数民族语言播出的气象节目

▲ 2006 年 9 月 13 日，西藏自治区气象局召开"今冬明春短期气候预测暨技术经验交流会"

▲ 2015 年 10 月 14 日，拉萨市气象局业务平台及视频会商系统完成改造，拉萨市气象业务现代化迈上新台阶

气象信息系统

党的十八大以来，借助国家大中型项目，强力推进气象信息化建设，建成了综合观测设备远程监控系统、北斗卫星应急通信系统和移动应急气象服务系统、西藏气象数据信息共享平台、西藏气象实时业务集约化监控和应用平台、西藏一体化气象综合业务平台，以及区—地（市）网速达 16M、地（市）—县网速达 10M 的宽带网络和视频会商系统。

◀ 西藏自治区基层县局公共气象服务平台

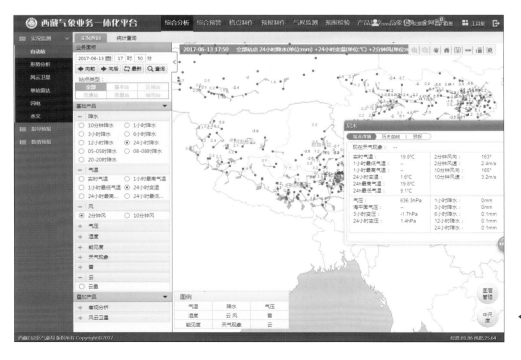

◀ 西藏自治区乡镇气象信息服务平台

▲ 西藏"藏汉双语预警信息发布系统"

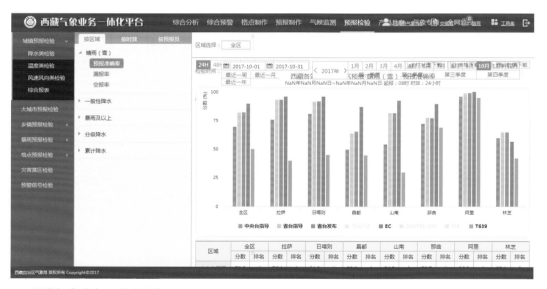

▲ 西藏气象业务一体化平台

2005 年 9 月 15 日，西藏拉萨新 ▶
一代天气雷达系统通过现场验收，
标志着西藏气象监测能力跃上新
台阶

2018年5月，西藏林芝市墨脱县气 ▶
象局首台云雾观测视频监控系统投入
运行（图为监测画面）

莲花阁

2018-05-24 星期四 12:00:25

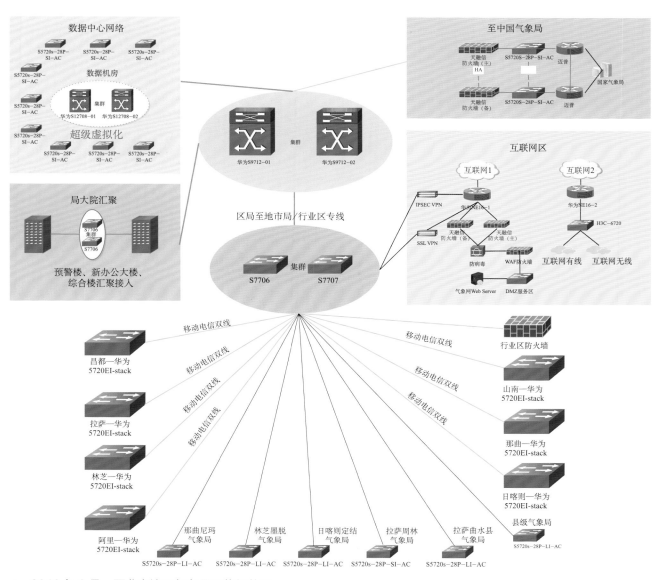

▲ 2019年8月，西藏自治区气象局网络拓扑图

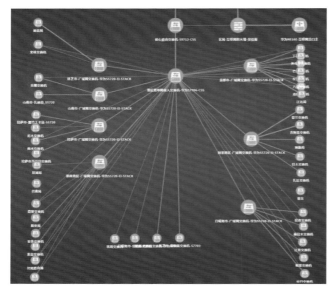

▲ 2019 年 8 月，西藏自治区气象局宽带网接入拓扑图

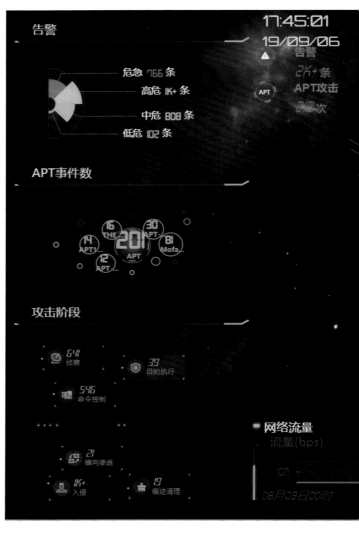

▲ 2019 年 7 月 8 日，西藏自治区气象局集约化机房投入使用

▲ 2019 年 7 月 14 日，西藏自治区气象局新建档案库区硬件设施全部安装完毕，预计 2020 年初
正式投入使用

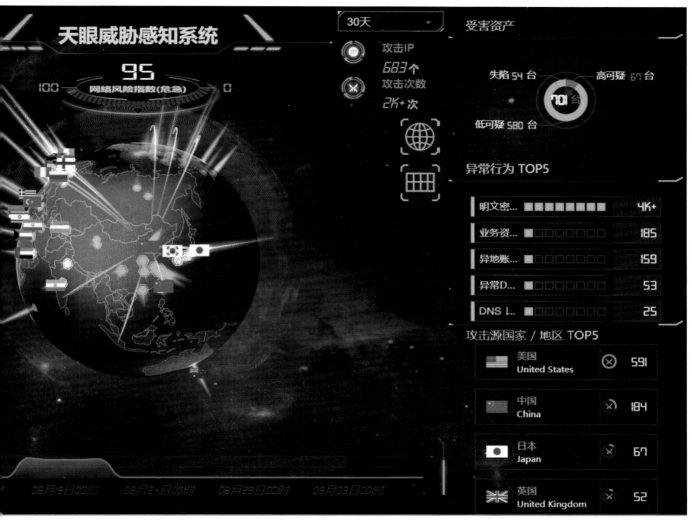

▲ 西藏自治区气象局部署的天眼新一代威胁感知系统，可精准发现网络中针对主机与服务器已知高级网络攻击和未知新型网络攻击的入侵行为，及时阻断威胁

▲ 西藏自治区气象局部署的天堤系统，实现了网络安全域隔离、精细化访问控制、高效威胁防护和高级威胁检测等功能

气象科技创新篇

　　对高原天气气象机理研究一直是全世界气象工作者关注的焦点，但在 1978 年以前，西藏气象科学研究却十分落后，很多研究领域几乎一片空白。改革开放以来，通过不断深化气象科技改革，完善科研管理机制，西藏自治区气象局气象科研工作取得了丰硕的成果。据不完全统计，自 20 世纪 90 年代以来，我局科研业务人员共申报立项和完成各类科研项目 480 项，其中，国家级科研项目 33 项，中国气象局科研项目 71 项，自治区科技厅项目 72 项。共有 54 项科研项目获国家、省部级科技进步奖，其中"西藏气候变化监测评估与应对研究"项目获自治区科技进步一等奖。在国家二级以上核心期刊发表科研论文 377 篇，其中 SCI(或 SCIE)10 篇；出版与发行有关学术论著 24 部。这些科研成果的取得，既为西藏自治区气象局培养了一大批出色的气象科技人才，也极大地推动了天气、气候、农业气象与生态、人工影响天气和防灾减灾服务等气象业务的发展。

科技人才培养

　　西藏自治区气象局成立之初，气象人才队伍总体比较薄弱。1959 年底，西藏气象部门具有大学文化程度的仅有 3 人，藏族和其他少数民族职工仅 14 人，只有大气探测、通信、农业气象、天气预报、业务和后勤管理 6 个专业，全区气象部门只有 1 名工程师。改革开放以来，特别是党的十八大以来，西藏气象部门始终将人才作为战略性资源与核心竞争力，全面实施人才强局战略和人才优先发展战略，截至 2018 年底，全区 1056 名气象干部职工中（国家编制缺编 920 名、地方编制缺编 136 名），本科及以上学历占比达到 77.2%，少数民族占比达到 75.7%。具有专业技术职称资格 997 人，正高级工程师 13 人、副高级工程师 147 人、工程师 307 人。1 人入选中国气象局首批科技领军人才，4 人享受政府特殊津贴。出台人才发展、培养和激励政策措施 10 余项。

▲ 1995 年，西藏自治区气象局职工普布卓玛同志（前排左一）荣获"西藏自治区十大女杰"称号

▲ 1996 年，西藏气象部门科研人员获自治区科技进步奖。图为获奖的气象干部职工

▲ 2003 年 2 月，西藏自治区气象局举行座谈会，欢迎西藏首位留学博士除多（右一）学成归来

▲ 2003 年 2 月 28 日，西藏自治区气象局领导看望享受"第一届西部优秀年轻人才津贴"的假拉同志（中）

2003 年底，西藏自治区气象局
举办座谈会，欢迎西藏气象女
博士卓嘎（中）学成归来

2009 年 2 月 16 日，西藏自治
区气象局正研级高级工程师杜
军同志（右一）获首届邹竞蒙
气象科技人才奖

2012 年 4 月，西藏自治区气象
局罗布坚参同志荣获全国五一
劳动奖章

◀ 2015 年 4 月，西藏自治区气象局扎西央宗同志荣获"全国先进工作者"称号

▲ 2013 年 5 月 1 日，西藏自治区气象局曹云德同志（第三排右五）荣获全国五一劳动奖章

气象科技进展

　　近五年来，西藏气象部门立项气象行业科研专项5个、国家自然基金项目8个、中国气象局科研专项30个、自治区科技厅项目17个、自治区气象局局设项目138个。获得省部级科技奖励5项。其中"西藏气候变化监测评估与应对研究"项目获自治区科技进步一等奖。在国家二级以上核心期刊发表科研论文157篇，出版专著8部。组建了三支创新团队，建立了23名首席专家队伍，在高原灾害性天气监测预警、气候变化监测评估与遥感数据应用，以及交通气象服务等方面取得了一批创新成果，"孟加拉湾热带风暴监测预警服务""假拉创新创业工作室"等5个项目被评为全国气象部门创新项目。

▲ 1996年12月，"西藏自治区气象实时业务系统建设"项目荣获"国家科技进步奖三等奖"

▲ 1997年5月19日，西藏自治区"一江两河"中部流域综合开发区遥感动态监测科研项目通过验收

▲ 1998 年 5 月，西藏自治区气象局参与第二次青藏高原大气科学环境科学实验——改则县大气边界层观测基地建设工作

▲ 1998 年 5 月，第二次青藏高原大气科学实验拉萨指挥中心召开新闻发布会

▲ 2001 年 11 月 2 日，西藏自治区气象局开展的"拉萨市农业气候资源分析及区划"项目通过专家验收

▲ 2002 年 2 月 3 日，西藏自治区气象局承担的"西藏'一江两河'第二期遥感动态监测"项目通过专家验收

▲ 2003 年 5 月，西藏自治区气象局举行"西藏自治区人影综合技术（指挥）系统可行性研究报告"专家研讨会

▲ 2003 年，"西藏高原大气环境开放实验室"通过专家验收

▲ 2004 年 8 月，"中国遥感应用协会 2004 年年会暨青藏高原遥感应用论坛"在成都、拉萨两地召开

▲ 2013 年 5 月 30 日，西藏气象部门"2013 年度全区气象科技论文交流会"在拉萨召开

▲ 西藏气象部门科技论文获奖证书及近年的论文集

▲ 2015 年 3 月 23 日,《大气科学名词》(藏汉对照本)在西藏拉萨首发,填补了大气科学藏文名词术语研究的空白

2016 年 12 月 16 日，高分 ▶
辨率对地观测系统西藏数据与
应用中心负责人向自治区人民
政府副主席汪海洲（右二）介
绍高分卫星遥感监测影像图

▲ 2017 年 8 月 19 日，由中国科学院牵头的第二次青藏高原综合科学考察在拉萨正式启动。西藏自治
区气象局选派 4 名专家与科考专家一道对色林错流域开展相关大气科学观测

▲ 2018 年 10 月 19 日，西藏气象部门自主研发的"智能防霜系统"在山南市桑日县葡萄种植基地试验成功，经预估该系统作物保护面积达 2000 亩左右（1 亩 =666.67 平方米）

◄ 2018 年 10 月 23 日，由安徽省气象局援助开发的"藏汉双语基层气象数据智能化服务平台"在西藏山南市隆子县玉麦乡完成安装并正式投入运行

　　多年来，西藏自治区气象部门编纂出版了多部专著。其中，《西藏自治区气候图集》获西藏自治区2009年科技计划项目、国家科技支撑计划项目资助；《气候变化对西藏青稞种植的影响》为西藏自治区科技计划项目"气候变化对西藏青稞种植的影响及对策研究"和"十二五"西藏经济社会发展建设项目"西藏农牧业特色等产业气象服务系统"资助项目；《西藏气候》为"十二五"西藏经济社会发展建设项目——青藏高原（西藏）气候变化监测服务系统资助项目；《西藏自治区县级气候区划》为西藏自治区"十一五"重点项目"西藏农牧业防灾减灾气象科技支撑系统"之"西藏农牧业气候资源区划与开发利用"资助项目；《西藏自治区气象灾害气候图集》为西藏自治区"十一五"重点项目"西藏农牧业防灾减灾气象科技支撑系统"之"西藏农牧业气候资源区划与开发利用"国家科技支撑计划资助项目；《西藏自治区太阳能资源区划》为西藏自治区"十一五"重点项目"西藏农牧业防灾减灾科技支撑系统"之"西藏农牧业气候资源区划与开发利用"资助项目。2018年3月23日，首部《西藏民间气象谚语》（藏文版）公开出版发行。

西藏自治区气象局每年对外发布气候变化监测公报和草地、湖泊、积雪、冰川等系列气候监测公报

2018年10月31日，西藏自治区 ▶ 总工会为自治区气象局"假拉创新创业工作室"授牌。工作室现有3个创新团队，成员18人，主攻方向为高原天气研究，解决西藏高原灾害性天气预报技术难题

气象科学普及

　　多年来，西藏气象部门结合区情，积极开展气象科普进学校、进农村、进牧区、进社区、进寺院、进军营、进企业、"气象防灾知识唐卡进农户"等特色科普宣传服务活动，使气象科普知识发挥最大效益。

▲ 1990 年 3 月 23 日，西藏自治区气象局与自治区水文局召开座谈会，纪念"3·23"世界气象日

▲ 1996 年 5 月，西藏自治区气象局开展科普一条街宣传活动

◀ 2000 年 10 月 29 日，西藏自治区气象局在拉萨市繁华街道开展庆祝《中华人民共和国气象法》颁布一周年宣传活动

▲ 2002 年 5 月 23 日，拉萨市中学生在西藏自治区气象局气象科普教育基地参观

▲ 2006 年 1 月 3 日，西藏农牧学院学生参观林芝气象科普教育基地

◀ 2009 年 7 月 10 日，成都信息工程学院大学生志愿者利用暑期在拉萨宣传气象防灾减灾知识

◀ 2010 年 3 月 5 日，西藏自治区气象局工作人员向群众发放气象科普宣传单

▲ 2010 年 5 月 15 日，在科技周宣传活动上，西藏自治区气象局工作人员向市民讲解气象知识

▲ 2011 年 3 月 23 日，拉萨市第三中学学生到西藏自治区气象局参观学习气象防灾减灾知识

2011 年 5 月 12 日，西藏气象部 ▶
门工作人员深入偏远农牧区，为当地学生和农牧民群众讲解气象防灾减灾知识

2011 年 5 月 15 日，在西藏自治 ▶
区科技宣传周宣传活动上，自治区气象局工作人员向前来指导宣传活动的自治区领导介绍气象防灾减灾科普宣传情况

2011 年 12 月 4 日，西藏自治区人大常委会副主任马如龙（前排右一）检查指导自治区气象局全国法制宣传日宣传活动开展情况

▲ 2013 年 3 月 5 日，西藏自治区气象局参加自治区"学习雷锋便民服务一条街"活动，向市民广泛宣传普及气象防灾减灾知识

▲ 2013 年 5 月 12 日，在防灾减灾日宣传活动上，西藏自治区领导到自治区气象局宣传点检查指导气象防灾减灾知识宣传工作

▲ 2013 年 11 月 26 日，西藏自治区气象局组织专家在拉萨饭店为驻村工作队队长讲授气象防灾减灾知识

▲ 2016 年 3 月 17 日，西藏自治区气象局举行气象科普知识进军营活动

▲ 2017 年 3 月 18 日，西藏自治区气象局举行纪念"3·23"世界气象日气象装备纸模拼接大赛

▲ 2018 年 3 月 23 日，西藏自治区气象局组织专家围绕拉萨市城关区雪新村社区开展气象防灾减灾知识进社区活动

▲ 气象专家正在为拉萨市第八中学的老师们讲解自动气象观测站设备维护方法

▲ 2019 年 6 月 16 日，西藏自治区 2019 年"安全生产西藏行"活动启动仪式暨安全生产宣传咨询日活动在拉萨举行。自治区党委常委、自治区常务副主席姜杰（右三）来到区气象局宣传咨询展台前检查指导

2019 年 7 月 26 日，西藏自治 ▶ 区气象部门开展气象科普小明星——"小诺布"选拔活动

气象管理体系篇

改革开放以来，特别是党的十八大以来，西藏气象部门以习近平新时代中国特色社会主义思想为指导，全面落实新时代党的建设总要求，扎实推进党的政治建设，强化创新理论武装，加强组织体系建设，各级党组织战斗力、组织力不断增强，目前形成了 858 名党员、65 个基层党组织的体系结构。西藏自治区气象局多次被区直属机关工委评为"区直机关党建工作先进单位"。2001 年以来，在依法治国，建立社会主义法治国家的大背景下，西藏气象部门不断完善气象法规体系建设，取得了巨大成绩。自治区人大、政府先后颁布了《西藏自治区气象条例》《西藏自治区防雷减灾条例》《西藏自治区气候资源条例》等一系列地方性气象法规、规章，初步建立了西藏气象法规体系，为气象依法行政奠定了坚实的基础。

党建工作

　　多年来，在中国气象局党组和西藏自治区党委的正确领导下，西藏自治区气象局党组带领各族气象干部群众共同团结奋斗、锐意进取，西藏气象事业发生了翻天覆地的变化。特别是党的十八大以来，西藏自治区气象局党组坚决贯彻党中央、中国气象局党组和自治区党委的决策部署，坚持党要管党、全面从严治党，把党的建设作为重中之重来抓，积极探索符合西藏气象部门事业发展需要的党建工作新路子，促进了党建和业务发展的双融合、双丰收。

▲ 2002 年 11 月，西藏自治区气象局举行学习党的十六大精神报告会，自治区党校副校长牛治富（左一）作辅导报告

▲ 2005 年 5 月 18 日，西藏自治区气象局召开先进性教育分析评议阶段总结暨整改提高阶段动员会

▲ 2006 年 6 月 30 日，西藏自治区气象局召开纪念中国共产党成立 85 周年大会

▲ 2006 年 6 月 30 日，西藏自治区气象局举行新党员入党宣誓仪式，庆祝中国共产党成立 85 周年

▲ 2006 年 7 月 14 日，西藏自治区气象局举办学习党章专题讲座

▲ 2007 年 10 月 15 日，西藏自治区气象局机关干部职工收看党的十七大开幕式实况直播

▲ 2008 年 5 月 28 日，西藏自治区气象局召开"反对分裂、维护稳定、促进发展"主题教育活动动员大会

▲ 2012 年 6 月 29 日，西藏自治区气象局举行"一先两优"表彰大会暨庆祝建党 91 周年主题党课活动

▲ 2014 年 5 月 13 日，中国气象局党的群众路线教育实践活动第五督导组赴阿里地区气象局督导第二批教育实践活动

▲ 2017 年 10 月 16 日，中共西藏自治区直属工作委员会调研组赴西藏自治区气象局调研"两学一做"学习教育常态化制度化工作

▲ 2018 年 6 月 19 日，西藏自治区气象局举行县处级干部学习贯彻党的十九大精神专题轮训

　　长期以来，西藏气象部门认真开展党风廉政和廉政文化建设，各项工作受到中国气象局党组、西藏自治区党委的高度重视和指导。为了增强党员领导干部廉洁自律、依法办事的意识，筑牢思想道德防线，教育、保护干部，西藏自治区气象局党组按照《中国共产党章程》要求，对党员领导干部实施严格教育、严格管理、严格监督。

2007 年 5 月 18 日，西藏自 ▶
治区党委常委、纪委书记金
书波（右二）到那曲地区气
象局检查指导气象部门党风
廉政建设工作

2007 年 5 月 24 日，西藏自 ▶
治区气象局举办廉政书法比赛

▲ 2010 年 6 月 24 日，西藏自治区气象局党组纪检组、人事处对 8 位新任处级领导干部进行任前廉政谈话

▲ 2019 年 8 月，西藏自治区气象局党组第二巡察组巡察林芝市气象局党组

自全国气象部门"不忘初心、牢记使命"主题教育工作会议召开以来，西藏自治区气象局按照"守初心、担使命、找差距、抓落实"的总要求，始终把学习教育、调查研究、检视问题、整改落实贯穿主题教育全过程，不断创新思路、丰富载体、强化措施，以作风的转变、问题的解决、工作的推进确保主题教育能够取得实实在在的成效。

▲ 2019 年 8 月 2 日，西藏自治区气象局党组书记、党组主题教育领导小组组长拉卓为区气象局大院全体党员干部作专题党课

▲ 2019 年 8 月 6 日，西藏自治区气象局党组召开"不忘初心、牢记使命"主题教育专题调研成果交流会。中国气象局第七巡回指导组到会指导

法治建设

　　1978 年以前，西藏气象法制建设一片空白。西藏气象部门内部和外部规范，气象探测环境保护等依靠政策调整，随意性很大。改革开放以来，特别是 2001 年以来，在依法治国、建立社会主义法治国家的大背景下，西藏气象部门不断完善气象法规体系建设，取得了巨大成绩。从 2006 年开始，西藏自治区气象局大力推进气象标准化体系建设，成立了西藏自治区气象标准化技术委员会，先后出台了 1 项气象行业标准，5 项地方性标准。目前，西藏气象部门在业务中采用国家标准、行业标准 200 余项，基本上形成了结构合理、涵盖气象主要业务服务领域的气象标准体系框架，为地方气象业务发展提供了重要的技术支撑。2016 年底，制定了区、地、县三级气象部门权力清单和责任清单，由西藏自治区人民政府法制办公室在网上公布。

1994 年 8 月，西藏自治区气▶象局召开学习贯彻《中华人民共和国气象条例》座谈会

2001 年 3 月，全区气象局长▶会议暨气象依法行政工作会议在拉萨召开

◀ 2002 年 4 月 8 日，西藏
自治区气象局召开《西藏
自治区气象条例（草案）》
征求意见座谈会

◀ 2002 年 6 月 18 日，西
藏自治区气象局召开学习
宣传《人工影响天气管理
条例》座谈会

◀ 2002 年 7 月 10 日，西藏
自治区气象局向全国人大
执法检查组汇报学习、宣
传、实施《气象法》情况

◀ 2002 年 7 月，西藏自治区气象局召开全区气象部门学习贯彻《气象法》电视电话会议

◀ 2002 年 8 月，西藏自治区气象局召开《人工影响天气管理条例》座谈会

◀ 2002 年 12 月 28 日，西藏自治区气象局召开《中华人民共和国气象法》颁布实施两周年座谈会，自治区人民政府副主席武继烈（中）出席座谈会

▲ 2005年7月5日，西藏自治区人大常委会副主任阿扣（左五）在自治区气象局听取《中华人民共和国气象法》《西藏自治区气象条例》实施情况汇报

▲ 2006年5月19日，西藏自治区气象局召开《西藏自治区气象灾害防御管理办法》征求意见座谈会

▲ 2011年9月21日，西藏自治区气象局召开"学习宣传和贯彻实施三个部门规章座谈会"

▲ 2014 年 6 月 5 日，西藏自治区人大法制委员会副主任乔增楼（右二）在山南地区加查县气象局调研"一法一条例"贯彻落实情况

▲ 2015 年，邀请西藏自治区人民政府法制办公室专家在全区气象法制培训班上讲课

▲ 2016 年 4 月 21 日至 5 月 4 日，西藏自治区人大常委会副主任李文汉为组长的执法检查组在日喀则对气象部门法规条例执行情况进行专项检查

▲ 2017 年 12 月 4 日，西藏自治区气象局开展全国宪法日气象法律法规宣传活动

▲ 2017 年，西藏气象部门加强气象执法工作，圆满解决那曲地区安多县农牧局项目选址影响气象探测环境问题，进行了有效的气象执法实践

▲ 2017 年，《西藏自治区风灾等级》等 3 部推荐性地方标准通过复审

管理体制

西藏气象事业是随着西藏和平解放的进程逐步形成和发展起来的。

1952 年 2 月，西藏军区办公室成立气象科。	1956 年 8 月，西藏气象机构转为地方建制，设立气象处，直属西藏工委领导。	1968 年，西藏气象机构归西藏自治区农牧厅领导。

▲ 1965 年，西藏阿里地区党政军机关驻地从噶尔县城迁至狮泉河镇，图为阿里地区气象站搬迁后业务人员合影

▲ 1984 年，全区气象工作会议全体参会代表合影

1983年，西藏各级气象部门全部实行了气象部门与当地政府双重领导并以气象部门领导为主的管理体制。至此，西藏气象事业迈入稳定发展时期。

20世纪90年代，西藏气象事业进入快速发展时期。

2001年，以贯彻落实第四次西藏工作座谈会精神为契机，西藏气象事业从加快发展大步迈向跨越式发展。

▲ 1988年3月，西藏自治区气象局召开全区气象台长会议，西藏自治区人民政府副主席毛如柏（右三）参加会议

▲ 1989年9月5日，西藏气象事业发展研讨会在拉萨召开

▲ 1992 年 4 月 24 日，全区气象工作会议在拉萨召开，西藏自治区人民政府副主席龚达希（右四）出席会议

▲ 1993 年 5 月 25 日，全区气象台长会议在拉萨召开

▲ 1993 年，西南片区气象人事研讨会在拉萨召开

▲ 1995 年 4 月 25 日，全区气象工作会议在拉萨召开

▲ 1995 年 8 月 22 日，西藏高原大气环境科学研究所、拉萨市气象台举行挂牌仪式

▲ 1998 年 9 月，西藏气象事业发展研讨会在拉萨召开

▲ 2001 年 8 月 16 日，西藏气象工作会议在北京召开

▲ 2003 年，"西藏高原大气环境开放实验室"通过专家验收

▲ 2004 年 5 月 25 日，西藏自治区气象局党组理论中心组举行集中学习会

▲ 2006 年 6 月 20 日，西藏气象事业发展"十一五"规划论证会在拉萨召开

▲ 2010 年 9 月 21 日，西藏自治区气象局召开全区旅游行业气象服务需求调查与效益评估座谈会

▲ 2017 年 8 月 16 日，全区人工影响天气业务现代化推进会在拉萨召开

▲ 2018 年 2 月 5 日，2018 年全区气象局长会议在拉萨召开

▲ 2018 年 5 月 25 日，中国气象局党组第二巡视组巡视西藏自治区气象局党组动员会在拉萨召开

▲ 2019 年 1 月 22 日，2019 年全区气象局长会议在拉萨开幕

▲ 2019 年 4 月 7 日，全区防雷减灾体制改革推进会在拉萨召开，研究部署深入推进西藏防雷减灾体制改革工作

开放与合作篇

　　加强开放合作，把扩大开放合作作为西藏气象事业发展的内在要求，把"引进来"与"走出去"更好地结合起来，继续强化与相关部门在灾害防御、工程建设等方面的合作，持续深化与高校、科研院所和气象干部培训学院在科研、人才培养等方面的合作，着力推进西藏气象军民融合工作，不断为西藏气象工作注入新动力、增添新活力、拓展新空间。

国际交往

　　从 20 世纪 90 年代开始，西藏自治区气象局与俄罗斯、日本、挪威、意大利等国外高校和科研机构在气象观测、气象科研等方面开展了广泛合作，国外专家团队多次进藏调研、考察西藏气象工作。

▲ 1992 年 8 月 9 日，西藏自治区气象局副局长格桑曲珍（右一）陪同俄罗斯联邦水文气象与环境监测委员会、地球气候与生态研究所所长伊兹拉尔（左一）在拉萨调研

▲ 1993 年 6 月，日本气象厅工作人员在西藏自治区气象局考察气象工作

1998 年 5 月，意大利都灵大学教授、▶
物理学会主席一行在西藏自治区气象局考察

◀ 2003 年 8 月 4 日，挪威贝尔根大学莱沃尔教授（左一）在西藏自治区气象台参观

◀ 2004 年 3 月 13 日，挪威贝尔根大学代表团在西藏高原大气环境科学研究所参观交流

▲ 2004 年 6 月 8 日，西藏自治区气象局除多博士与外国专家进行学术交流

▲ 2004 年 8 月 4 日，美国气象专家在西藏自治区气象台参观业务现代化建设

▲ 2004 年 11 月，西藏高原大气环境科学研究所除多博士参加由联合国外层空间办公室、欧洲空间局、奥地利、瑞士、国际山地中心联合组织的学术交流会并作交流发言

▲ 2005 年 10 月 23 日，由西藏自治区气象局筹办的喜马拉雅地区山洪和可持续发展国际研讨会在拉萨召开

局校合作

　　长期以来，西藏自治区气象局围绕气象现代化建设、气象防灾减灾、公共气象服务、气象科技创新等重点工作，不断深化局校合作，取得了显著成效。与中国科学院、南京信息工程大学、成都信息工程大学、西藏大学等国内高校和科研单位就气象科研、人才培养开展广泛合作。2018 年，西藏高原大气环境科学研究所联合中国科学院西北研究院、兰州大学、南京大学、西北大学组成的科研团队完成了青藏高原西藏地区重点积雪区域积雪特性地面调查，为西藏高原积雪遥感反演方法的验证及积雪类型划分积累了宝贵的第一手资料，为中国积雪特性及分布调查研究工作提供基础数据支撑。

▲ 2000 年 8 月 13 日，丑纪范院士（右四）、李泽椿院士（右五）、陈联寿院士（右三）、许健民院士（左六）一行赴藏考察，西藏自治区气象局局长索朗多吉（右二）到机场迎接

▲ 2000 年 8 月 16 日，中国科学院院士丑纪范在西藏气象部门作学术报告

◀ 2004 年 6 月 21 日，西藏自治区
气象局与西藏大学签订合作协议

◀ 2004 年 8 月 5 日，中国科学院院
士孙鸿烈（前排右二）与中国气象
局党组书记、局长秦大河（左二）
一行到西藏高原大气环境科学研究
所指导工作

◀ 2004 年 8 月，"中国遥感应用协会
2004 年年会暨青藏高原遥感应用
论坛"在成都、拉萨两地召开

2004 年 9 月 3 日，西藏自治区气象 ▶
局与中国科学院地理科学与资源研究
所签订合作协议

2009 年 7 月 19 日，西藏自治区气
象局与中国科学院青藏高原研究所签
订合作协议

2012 年 8 月 9 日，西藏自治区气象 ▶
局与南京信息工程大学在拉萨召开局
校合作人才培养座谈会

2013 年 5 月 24 日，西藏自治区气象局与中国科学院青藏高原研究所签订合作协议

2013 年 7 月 17 日，西藏自治区气象局与成都信息工程学院签订局校合作协议

▲ 2018 年 3 月，西藏大气环境科学研究所联合中国科学院西北研究院、兰州大学等院校科研团队在西藏山南错那县海拔 4484 米的波拉山观测积雪

2019 年 7 月 13 日，西藏大学
与拉萨市气象局签订人才培养实
习实训基地合作协议并举行揭牌
仪式

2019 年 7 月 15 日，南京信息工
程大学与拉萨市气象局共建"南
京信息工程大学教授工作站"合
作签约挂牌仪式在拉萨举行

2019 年 8 月 14 日，西藏自治区
气象局与成都信息工程大学签订
战略合作协议，共同推进西藏气
象研究型、智能化业务发展

部门合作

长期以来，西藏自治区气象局不断深化部门合作，取得了显著成效。与国土、水利、农牧等自治区相关厅局签订合作协议，强化信息共享联动，提高专业服务水平，提升气象为地方经济社会服务的能力。

2004 年 6 月 21 日，▶
西藏自治区气象局与
西藏自治区体育局签
订合作协议

2011 年 1 月 12 日，▶
西藏自治区气象局与
西藏自治区国土资源
厅签订合作协议

◀ 2011 年 3 月 18 日，西藏自治区气象局与西藏自治区国土资源厅召开"西藏自治区地质灾害气象预警预报 2010 年度工作总结及交流会"

◀ 2013 年 7 月 30 日，西藏自治区气象局与西藏自治区农牧厅签署"加强农牧业气象防灾减灾合作协议"，共促气象为农服务和农牧业气象防灾减灾工作

◀ 2017 年 5 月 2 日，西藏自治区气象局与西藏自治区水利厅签订共推西藏水利和气象事业发展的合作协议

省部合作

　　长期以来，西藏自治区人民政府和中国气象局加强在西藏气象事业发展上的协同联动，逐步形成了工作互动、共同支持、优势互补的省部合作格局，西藏气象事业得到了更好发展。2018年9月，双方签署第二轮省部合作协议，持续深化对西藏气象工作的双重领导，从更大格局上谋划，深入推进西藏气象现代化建设，共推西藏气象在适应国家战略、满足人民新需求、服务经济社会发展中发挥更大作用和效益。

◀ 2016 年 8 月 12 日，国家国防科技工业局重大专项工程中心与西藏自治区人民政府办公厅签订高分辨率数据应用合作协议

◀ 2018 年 9 月 20 日，中国气象局与西藏自治区人民政府在拉萨签署新一轮省部合作协议。中国气象局党组书记、局长刘雅鸣（前排左），西藏自治区党委副书记、自治区主席齐扎拉（前排右）代表双方在协议上签字

局企合作

▲ 2010 年 7 月 16 日，西藏自治区气象局与中国华云公司签订合作协议

气象援藏工作篇

　　1994 年，中央第三次西藏工作座谈会后，中国气象局按照中央要求，举全国气象部门之力支援西藏气象事业的发展。第五、第六次西藏工作座谈会、全国气象部门西藏工作暨援藏工作会议召开后，会议深入贯彻落实中央第五、第六次西藏工作座谈会精神，中国气象局和对口援助单位坚持科学指导、政策倾斜、对口援藏、智力帮扶、重点突破，高起点、高标准，进一步加大了对西藏气象工作的支持力度。历次中央西藏工作座谈会召开后，中国气象局均及时召开专题会议研究部署西藏气象工作，印发支持西藏气象事业发展的政策性文件，出台系列特殊优惠政策；组织开展资金援藏、技术援藏、项目援藏；各对口援藏省（自治区、直辖市）气象局纷纷赴藏召开援藏协调会，总结交流对口援藏工作，对接援藏任务，共促西藏气象事业高质量发展。这一系列的援藏举措，有力地推动了西藏气象事业发展。

援藏工作

　　"饮水者怀其源"。1994 年，中央第三次西藏工作座谈会后，在中国气象局的大力支持和特殊关心下，采取"分片负责、对口支援、定期轮换"的办法，各对口援藏单位在干部人才上鼎力支持、项目资金上无私援助、业务科技上重点帮扶，形成了举全国气象部门之力共同推动西藏气象改革发展的良好态势，有力地推动了西藏气象事业跨越式发展。

▲ 1992 年 5 月 8 日，中国气象科学研究院援助西藏高原大气科学环境研究所协调会在拉萨召开

▲ 1992 年 5 月，四省（自治区）气象局援助阿里地区气象局工作会议召开

▲ 1994 年 9 月 27 日，西藏自治区气象局局长马添龙（右一）向参加全国气象部门援藏工作会议的代表们献哈达

▲ 1994 年 9 月，全国气象部门援藏工作会议在拉萨召开

▲ 1994 年 9 月，中国气象局在拉萨召开贯彻第三次西藏工作座谈会精神会议

▲ 1995 年 8 月，西藏自治区气象局召开第三批气象援藏干部座谈会

▲ 1995 年 9 月 16 日，西藏自治区气象局召开全国气象部门对口援藏干部欢迎会

2000 年 9 月 21 日，上海、山东、江西、山西及青岛五省（市）气象局援助日喀则地区气象局工作会议在拉萨召开

2001 年 4 月 16 日，山西省气象局援藏考察团一行赴藏调研援藏工作

2001 年 4 月 17 日，山西省气象局对口援藏建设项目研讨会在拉萨召开

2001 年 5 月 28 日，中国气 ▶
象科学研究院领导到西藏高原
大气环境科学研究所指导工作

2001 年 9 月 20 日，西藏自 ▶
治区气象局与山东省气象局座
谈，共商对口援藏工作

2001 年 9 月 20 日，山东省 ▶
气象局赴藏考察组在西藏自治
区气象局考察气象培训工作

▲ 2002 年 4 月 29 日，山西省对口援藏项目工作汇报会在西藏自治区气象局召开

▲ 2002 年 8 月，湖北、湖南、广西、内蒙古四省（自治区）对口援助山南地区气象局工作会议在山南召开

▲ 2006 年 8 月 10 日，宁波市气象局与那曲地区气象局开展对口合作交流，并援助资金用于改善民生

▲ 2004 年 10 月 11 日，湖北、湖南两省气象局对口援藏（山南）第一次协调会议在拉萨召开

▲ 2006 年 8 月 21 日，西藏自治区气象局举行欢送援藏干部座谈会

▲ 2006 年 9 月 8 日，西藏自治区气象局举行欢迎援藏干部座谈会

▲ 2006 年 9 月 18 日，江苏省气象援藏协调会在西藏自治区气象局召开

▲ 2006 年 9 月 19 日，辽宁、浙江、河南、甘肃、青海五省气象局第五次对口援藏工作协调会在沈阳召开

▲ 2006 年 12 月 20 日，西藏自治区气象局领导欢送援藏干部

▲ 2007 年 8 月 15 日，西藏自治区气象局欢迎第五批援藏干部

2008 年 7 月 14 日，宁波市气象局领导赴那曲地区气象局验收东西对口交流项目

▲ 2008 年 9 月 19 日，湖北、湖南、安徽三省气象局在山南召开对口援助山南地区气象局协调会议

▲ 2008 年 10 月 11 日，陕西、河北、山西、江西四省气象局第七次援藏（阿里）协调会议在拉萨召开。这次会议是 2007 年 7 月中国气象局调整对口援藏单位后，援助西藏阿里地区的新的四省气象局组织召开首次援藏协调会议

▲ 2010 年 11 月 10 日，陕晋冀赣四省气象局第八次援藏（阿里）协调会召开

▲ 2010 年 8 月 3 日，西藏自治区气象局领导与第五、六批援藏干部合影

▲ 2012 年 8 月，陕晋冀赣四省气象局领导与曾在阿里工作过的老领导老同事相聚在阿里，共庆阿里气象建站 50 周年

▲ 2014 年 12 月 11 日，陕皖冀新四省（自治区）气象局第六次对口援藏（阿里）协调会召开

▲ 2014 年，阿里地区气象局向山西省气象局汇报第六次援藏工作情况

▲ 2016 年 4 月 28 日，全国气象部门西藏工作暨援藏工作会议在北京召开

▲ 2016 年 7 月 29 日，第七批和第八批全国气象援藏干部轮换座谈会在拉萨
　召开

▲ 2016 年全国气象部门西藏工作暨援藏工作会议后，阿里地区气象局率所属四县气象局到对口支援地（市）气象局结对认亲

▲ 2017 年 6 月 6 日，江苏省气象局、北京市气象局对口支援拉萨市气象局研讨会在拉萨召开

▲ 2017 年 6 月 11 日，河北、陕西、江西、山西四省气象部门对口支援阿里地区气象工作协调会在拉萨召开

▲ 2019 年 5 月 20 日，陕西省气象局与阿里地区气象局座谈，交流对接援藏工作

▲ 2019 年 7 月 31 日，西藏自治区气象局召开欢迎欢送第八、九批援藏干部座谈会，向第九批援藏干部表示热烈欢迎，向为西藏气象事业发展作出重要贡献的第八批援藏干部致以崇高敬意和衷心感谢

▲ 2019 年 12 月 15 日，湖北、安徽、湖南三省气象局对口支援山南气象事业发展座谈会在湖北武汉召开，回顾总结党的十八大以来三省气象部门支援山南气象事业发展取得的成效，分析面临的形势任务，共同研究部署今后三年对口援藏工作

20 多年来，9 批 168 名 3 年期援藏干部和数十批短期援藏干部把西藏当故乡、立足高原做贡献，全力以赴投入西藏气象改革发展，成为西藏气象工作不可缺少的重要力量。

援藏干部

◀ 2019 年 7 月 31 日，西藏自治区气象局举办欢迎欢送全国气象援藏干部座谈会。图为与会的第八批、第九批援藏干部合影

▲ 阿里地区气象局援藏干部闻春华（左三）在气象保障服务现场

▲ 拉萨市气象局援藏干部卓连根在开展人工影响天气作业

▲ 那曲地区气象局援藏干部汪永盛（右）看望慰问结对贫困户学生

▲ 山南地区气象局援藏干部鲁建军（右一）在山南基层县气象局检查指导工作

◀ 日喀则市气象局援藏干部浦佳伟（左二）走访慰问退休老干部

◀ 昌都市气象局援藏干部海川（中）在给业务人员授课

▲ 林芝市气象局援藏干部鲍思钻（右一）带队开展安全生产检查

气象基层台站建设篇

　　1978 年以前，西藏气象部门的工作用房和生活用房在当地都是最差的，基层气象台站没有冲水式厕所，干部职工工作生活条件极其艰苦。改革开放以来，特别是"十二五"以来，西藏气象部门通过争取中央、地方、援藏及其他渠道投资，大力实施基层台站基础设施综合提升工程，基层办公条件、生活环境得到显著改善。

▲ 西藏自治区气象局大院观测场

目前，西藏自治区气象部门下辖 7 个地（市）级气象局，65 个县级气象台站。65 个县级气象台站中有 40 个县级台站进行了或正在进行台站综合改善，另有 25 个新设县级气象台站，目前未纳入基层台站现代化指标。2018 年底，我区基层气象机构基础设施达标率达到 87.5%。预计到 2020 年底，西藏自治区气象部门可完成全部基层台站的综合改善工作，实现基础设施达标率达到 100%，完全达到中国气象局县级基层气象台站综合改善的进度要求。

▲ 西藏自治区气象局预警楼

▲ 林芝地区气象局旧大院

▲ 林芝市气象局新大院

▲ 2017 年 12 月，新建成的林芝市墨脱县气象局新建观测场

▲ 林芝市波密县气象局旧
大院及观测场

▲ 林芝市波密县气象局新大院及观测场

▲ 那曲地区气象局旧办公
业务用房

▲ 那曲市气象局新办公业务用房

▲ 那曲市申扎县气象局旧
办公业务用房

▲ 那曲市申扎县气象局新办公用房

▲ 那曲市安多县气象局旧
办公业务用房

▲ 那曲市安多县气象局安多县新办公业务用房

▲ 1961年，阿里地区气象
局建站初期

▲ 20世纪80年代阿里地区
气象局旧办公业务用房

▲ 阿里地区气象局新办公业务用房

▲ 阿里地区改则县气象局
旧办公业务用房

▲ 阿里地区改则县气象局新办公业务用房

▲ 2016 年 1 月 6 日，阿里地区札达县气象局挂牌成立

▲ 阿里地区普兰县气象局
老院子及观测场

▲ 阿里地区普兰县气象局新院子及观测场

▲ 1999 年昌都地区气象
局大院旧貌

▲ 2014 年综改后昌都市气象局大院

▲ 综改前的昌都芒康县气
象局办公业务用房

▲ 综改后的昌都芒康县气象局办公业务用房

▲ 2008 年昌都左贡县气象局办公业务用房

▲ 2018 年综改后的昌都左贡县气象局办公业务用房

▲ 20 世纪 90 年代初，山南地区气象局大院一角

▲ 2019 年山南市气象局大院一角

▲ 20世纪80年代末至90
年代，山南错那县气象站
大院全景

▲ 2014年综改后的山南错
那县气象局办公业务用房

▲ 2014年综改后的山南错那县气象局职工住房

▲ 2003年综改前的山南
加查县气象局旧貌

▲ 2013年综改后的山南加查县气象局

▲ 2004 年综改前的山南琼
结县气象局旧貌

▲ 2014 年综改后的山南琼
结县气象局办公业务用房

▲ 2014 年综改后的山南琼结县气象局全景

▲ 日喀则市气象局旧办公
业务用房

▲ 2011 年建成的日喀则市气象局办公业务用房

▲ 日喀则市定日县气象局
职工旧住房

▲ 日喀则市定日县气象局职工新住房

▲ 日喀则市聂拉木县气象
局原观测场和办公楼、
周转房,在2015年尼泊
尔"4·25"地震时损毁
并拆除

▲ 日喀则市聂拉木县气象局新办公业务用房

▲ 日喀则新建吉隆县气象局观测场及周转房

▲ 日喀则新建吉隆县气象局办公业务用房

▲ 拉萨市当雄县气象局旧办公业务用房

▲ 拉萨市当雄县气象局新办公业务用房

▲ 拉萨市墨竹工卡县气象局旧办公业务用房和职工住房

▲ 拉萨市墨竹工卡县气象局新办公业务用房和职工住房

▲ 拉萨市尼木县气象局旧办公业务用房

▲ 拉萨市尼木县气象局新办公业务用房

▲ 拉萨市气象局地面观测场 2013 年旧址全景图

▲ 拉萨市气象局原办公业务用房

▲ 拉萨市气象局新址（2018年4月搬迁至此）

气象精神文明建设篇

　　近年来，在中国气象局精神文明建设领导办公室和西藏自治区精神文明建设委员会的坚强领导下，西藏气象部门以文明单位创建为抓手，积极培育和践行社会主义核心价值观，大力开展群众性精神文明创建活动，用坚韧不拔的毅力凝练了"高海拔、高标准，缺氧气、不缺志气"的西藏气象人精神，用汗水和生命，谱写了一篇篇爱的赞歌，也涌现出了一个个先进典型。截至2019年底，全区气象部门有11家单位被评为全国文明单位、21家单位被评为自治区文明单位，8家单位被评为地（市）级文明单位，7家单位被评为县级文明单位；8家单位被评为全国精神文明创建工作先进单位。8家单位被中国气象局评为气象部门局务公开先进单位；2家单位获全国民族团结进步集体，2家单位获西藏自治区民族团结模范集体。

高原气象人的
楷模陈金水

陈金水，浙江省杭州市临安区人，1933 年生。1956 年，他从北京气象学校毕业后，主动要求进藏，后又两度进藏，在西藏工作长达 33 年。1965 年他在短短的一个月时间里就在安多建成了世界上最高的气象站，并担任站长。

▲ 1960 年陈金水夫妇在世界海拔最高气象站——安多气象站工作

在他的带领下，安多气象站于 1978 年被评为全国气象部门先进单位，并派代表参加了全国科学大会。1988 年，虽然家中面临许多实际困难，他还是毅然应聘到昌都执行援藏任务（三年期满后第三次执行援藏任务），在昌都的 8 年时间里，他狠抓各方面工作，培养了一大批藏族干部，该局的气象业务质量也从全区倒数第二跃升为 1995 年的全区第一。他组织的"昌都气候图集"和"气候应用专辑"项目，分别获得西藏科委科技进步三等奖、西藏自治区气象局科技进步二等奖。1990 年 10 月，中华人民共和国国家民族事务委员会授予陈金水全国民族团结先进个人；1994 年 10 月西藏自治区党委授予他"优秀共产党员"称号。1996 年以来，陈金水先后获得全国模范气象工作者、浙江省党的好干部、全国优秀共产党员等称号，并获得全国"五一劳动奖章"。1997 年当选为党的十五大代表。2009 年 10 月 1 日，他还作为浙江省国庆观礼团代表登上了天安门城楼。

◀ 1996 年 5 月，全国优秀共产党员陈金水同志事迹报告会在拉萨举行

精神文明建设成果

　　多年来，西藏气象部门广泛开展文明系统、文明单位、民族团结、社会综合治理等创建活动和文体活动，得到国家和自治区文明委以及西藏社会各界的充分肯定。12 人荣获"全国五一劳动奖章"；2 人被评为"全国三八红旗手"；2 人被评为"全国五一巾帼标兵"；2 人被评为"全国知识型职工"；1 人被评为"60 位感动西藏人物"；12 人先后被评为"全国气象部门先进工作者""中国气象行业工会工作先进工作者""西藏自治区五一劳动奖章""西藏自治区先进工作者""西藏自治区三八红旗手"；2 户家庭被评为"全国五好文明家庭"，12 户家庭被评为"西藏自治区文明户"。3 家单位被评为"全国创先争优先进基层党组织""全国防汛抗旱先进集体""全国群众体育先进单位"。1 家单位被评为"全国青年文明号"。2 个项目获"全国职工优秀技术创新成果"和"中国技术市场协会金桥奖"。

▲ 20 世纪 90 年代，西藏自治区气象局荣获的部分精神文明建设活动奖牌（杯）

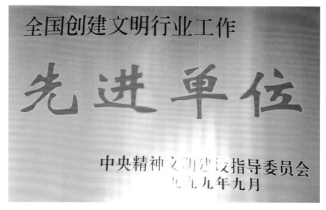

▲ 1999 年 9 月，西藏自治区气象局被中央精神文明建设指导委员会评为"全国创建文明行业工作先进单位"

▲ 1999 年 12 月，西藏自治区气象局荣获"全区科协系统先进集体"

▲ 2014 年 9 月，西藏自治区气候中心荣获"全国民族团结进步模范集体"

▲ 2001 年，西藏自治区气象局在全区公民道德知识竞赛中荣获一等奖

▲ 2001 年 8 月 16 日，中国气象局党组书记、局长秦大河为西藏自治区气象局颁发中国气象局、西藏自治区精神文明委联合授予的"文明系统"奖牌

▲ 2002—2004 年，西藏自治区气象局连续 3 年获得拉萨市社会治安综合治理先进集体

▲ 2018 年 7 月 7 日，西藏自治区气象局职工达瓦次仁、感泽参加西藏自治区总工会主办的"中国梦·劳动美"全区职工演讲比赛，分获第一、第三名；西藏自治区气象局获"优秀组织奖"

▲ 西藏自治区气象局精神文明建设陈列室荣誉墙一角

精神文明建设

长期以来，西藏气象部门不断加强学习型部门建设，不断开展思想道德教育，不断加强作风建设，大力弘扬"高海拔、高标准，缺氧气、不缺志气"和"站在世界最高处，争创工作第一流"的西藏气象人精神，初步形成了全方位、多层次、部门上下、内外共同建设的气象精神文明和气象文化发展新局面。多年来，广泛开展具有地域特色、时代特征、行业特点、形式多样、内容丰富的气象文化和精神文明活动，弘扬高原气象人精神。2002 年，西藏自治区气象局职工自编自演的节目《艺人情》在西藏自治区《公民道德建设实施纲要》文艺汇演中获得一等奖。同年 9 月，该舞蹈节目被西藏自治区党委宣传部、自治区文化厅推荐代表西藏参加在上海举办的全国"四进社区"文艺展演，并获得银奖。

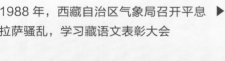

20 世纪 70—80 年代西藏自治区气象 ▶
局组织的文艺宣传队

1988 年，西藏自治区气象局召开平息 ▶
拉萨骚乱，学习藏语文表彰大会

▲ 1992 年 6 月，西藏自治区气象局局长马添龙（前排左一）向驻拉萨某空军指挥基地赠送锦旗

▲ 2001 年 2 月，昌都地区气象局举行建站 50 周年庆祝大会

▲ 1997 年 6 月 26 日，西藏自治区气象局干部职工参加自治区体操比赛时在布达拉宫广场合影

▲ 2001 年 5 月 22 日，全区气象部门庆祝西藏和平解放 50 周年文艺汇演

▲ 2002 年 4 月 20 日，西藏自治区气象局举办"宣传公民道德建设实施纲要职工文艺汇演"。图为西藏自治区气象局职工自编自演的节目《艺人情》，此舞蹈还在全区《公民道德建设实施纲要》文艺汇演中获得一等奖

▲ 2002 年 4 月 20 日，西藏自治区气象局举办"宣传公民道德建设实施纲要职工文艺汇演"，图为西藏自治区气象局职工自编自演的舞蹈《好日子》

▲ 2004 年 4 月 21 日，西藏自治区气象局职工在布达拉宫广场表演 24 式太极拳

▲ 2004 年 7 月 5 日，"西藏气象文化周"在自治区气象局启动

▲ 2004 年 7 月 6 日，全区气象部门干部职工书法比赛在拉萨举行

▲ 2004 年 7 月 10 日，西藏自治区气象局在全区气象部门开展"气象文化周巡回演讲"

▲ 2004 年 8 月 6 日，那曲地区气象局举办气象文化建设文艺汇报演出

▲ 2005 年 8 月 8 日，日喀则市气象局举办职工文艺汇演，庆祝建局 50 周年

▲ 2005 年 8 月 24 日，拉萨市气象局职工在全区气象部门职工文艺汇演上表演舞蹈《牧歌悠扬》

▲ 2006 年 5 月 22 日，全区气象部门纪念西藏和平解放 55 周年演讲比赛在拉萨举行

◀ 2006 年 9 月 1 日，山南地区气象局举行文艺演出，庆祝建局 50 周年

◀ 2007 年 10 月 19 日，西藏自治区气象局举办"庆十七大职工文艺汇演"

◀ 2007 年 10 月 26 日，西藏自治区气象局举办"庆十七大书法摄影作品展"

◀ 2007 年 6 月 25—29 日，
西藏气象部门第四届职工运
动会在拉萨举行

◀ 2008 年 1 月 31 日，西藏
自治区气象局举行团员青年
联谊活动，以增强团员青年
的凝聚力、向心力

◀ 2008 年 2 月 1 日，西藏自
治区气象局举办迎新春拔
河比赛

◀ 2008 年 5 月 15 日，西藏
自治区气象局大院全体职
工向汶川地震灾区捐款

◀ 2008 年 10 月 16 日，林
芝地区气象局举办职工文
艺汇演，庆祝建局 55 周年

◀ 2008 年 10 月 23 日，全区
气象部门纪念改革开放 30
周年暨第四届职工文艺汇演
在拉萨举办

▲ 2008 年 10 月 31 日，西藏自治区气象局举办书法笔会活动

▲ 2009 年 12 月 25 日，西藏自治区气象局组织共青团员到拉萨河畔捡拾垃圾，保
护环境

▲ 2010 年 11 月 6 日，西藏自治区气象局青年社团组织人员观摩学习人工影响天气知识

▲ 2011 年 1 月 28 日，西藏自治区气象局组织人员慰问驻拉萨某部队官兵

▲ 2011 年 7 月 1 日，西藏自治区气象局举办庆祝中国共产党建党 90 周年暨西藏和平解放 60 周年"党在我心中"全区气象部门干部职工朗诵比赛

▲ 2011 年 5 月 4 日，西藏自治区气象局举办"五月欢歌"红歌演唱会，庆祝"五一"国际劳动节和"五四"青年节

▲ 2011 年 6 月 25 日，阿里地区气象局干部职工参加阿里地区迎"七一"文艺汇演

▲ 2012 年 4 月 1 日，西藏自治区气象局组织共青团员前往拉萨烈士陵园为气象烈士刘恩怀同志扫墓

▲ 2012 年 9 月 12 日，西藏自治区气象局邀请保健专家为女职工讲解保健知识

◀ 2013 年 7 月 31 日，西藏气象部门举行弘扬"西藏气象人精神"演讲比赛

◀ 2013 年 3 月 7 日，西藏自治区气象局妇女委员会组织女职工在"三八妇女节"前看望慰问孤寡老人

◀ 2013 年 4 月 13 日，西藏自治区气象局机关团委向孤儿赠送学习用具

2013 年 7 月 19 日，西藏自 ▶
治区气象局职工参加全区广
播操比赛

2013 年 6 月 7 日，阿里地 ▶
区气象局举办"中国梦 我的
梦"签名寄语活动

2017 年 11 月 19 日，西藏 ▶
自治区气象局足球队参加自
治区第二届全民健身运动会

▲ 2004 年 12 月 11 日，阿里地区气象局干部职工瞻仰孔繁森烈士墓

▲ 2013 年 9 月 13 日，江苏省无线电科学研究所有限公司向西藏自治区气象局风云足球队赠送运动装备

▲ 2016 年 6 月 27 日，阿里地区气象局举办"两学一做"学习教育知识竞赛

▲ 2019 年 7 月 26—30 日，西藏自治区气象局应邀选派 13 名职工作为区直机关代表队参加全区第三届职工运动会男子足球赛

▲ 2019 年 5 月，海南卫视《光荣的追寻》栏目组采访安多县气象局干部职工

▲ 2019 年 8 月 1 日，西藏自治区气象局为军属、退役军人等 10 户家庭代表发放"光荣之家"荣誉牌

▲ 2019 年 8 月 10 日，西藏自治区气象局职工宗吉由自治区妇联推荐参加中宣部和全国妇联等在广州主办的"时代新人说——我和祖国共成长"演讲大赛并获铜奖

精神文明建设
助推脱贫攻坚

　　2019 年是打赢脱贫攻坚战、全面建成小康社会的关键之年，也是基本消除绝对贫困的决战决胜之年。西藏自治区气象局自 2011 年驻村工作开展以来，每年派出 17 个驻村工作队，65 名左右干部职工参加"强基础 惠民生"活动，紧紧围绕自治区党委明确的"七项重点任务"，严格遵守工作纪律，本着"指导不领导、帮助不代替、便民不扰民"的原则，驻村入户，深入群众，集中开展了建强基层组织、维护社会稳定、进行感恩教育、寻找致富门路、为群众办实事解难事，全力助推脱贫攻坚，努力开创驻村工作新局面。

▲ 2013 年 1 月 25 日，西藏自治区气象局 4 位驻村工作队长走进西藏人民广播电台，介绍驻村工作情况

▲ 2018 年 1 月 5 日，山南市浪卡子普玛江塘乡下索村村两委班子代表村民向西藏自治区气象局赠送锦旗

◀ 2019 年 8 月 12 日，西藏自治区气象局党组副书记、局长向毓意（右一）到昌都市左贡县扎玉镇看望慰问区气象局驻村工作队，并调研指导驻村工作